HTML5
交互动画
开发实践教程

杜晓荣　主　编
徐泳钧　武汇岳　副主编

清华大学出版社
北京

内 容 简 介

本书分 3 部分，第一部分是 JavaScript 脚本语言的基本教程，在该部分集中讲述了用于 web 网页开发的脚本语言 JavaScript，用简明通俗的语言介绍了 JavaScript 的面向对象技术；第二部分讲解了 HTML5 画布的基本绘图、高级绘图及基于引擎的绘图功能；第三部分则以动画的例程和休闲游戏例程来讲述如何利用原生的 HTML5 画布功能来设计动画与休闲游戏的开发。通过本书系统的学习，读者可以掌握 JavaScript 的面向对象技术、HTML5 的图形功能、动画和休闲游戏的开发及编程技术。

本书适合用于希望学习 HTML5 新技术以及 Web 前端开发人员，也可用作高校数字媒体专业、动画设计专业或网页开发相关专业的教材。教材面向所有对动态网页和交互动画感兴趣的读者，授课内容将由浅入深，理论和实践相结合，从基本语法逐渐过渡到读者亲自设计动画交互，激发读者对网页交互设计的兴趣。

图书在版编目（CIP）数据

HTML5 交互动画开发实践教程/杜晓荣主编 . —北京：清华大学出版社，2014

ISBN 978-7-302-37605-7

Ⅰ.①H…　Ⅱ.①杜…　Ⅲ.①超文本标记语言—程序—设计—教材　Ⅳ.①TP312

中国版本图书馆 CIP 数据核字（2014）第 186544 号

责任编辑：朱敏悦
封面设计：汉风唐韵
责任校对：王荣静
责任印制：王静怡

出版发行：清华大学出版社
　　　　　网　　　址：http://www.tup.com.cn, http://www.wqbook.com
　　　　　地　　　址：北京清华大学学研大厦 A 座　　　　邮　　编：100084
　　　　　社 总 机：010-62770175　　　　邮　　购：010-62786544
　　　　　投稿与读者服务：010-62776969, c-service@tup.tsinghua.edu.cn
　　　　　质 量 反 馈：010-62772015, zhiliang@tup.tsinghua.edu.cn
印 装 者：北京密云胶印厂
经　　销：全国新华书店
开　　本：185mm×260mm　　　　印　张：16.5　　　字　数：338 千字
版　　次：2014 年 9 月第 1 版　　　　印　次：2014 年 9 月第 1 次印刷
印　　数：1～4000
定　　价：33.00 元

产品编号：061459-01

前　言

本书适用于希望学习 HTML5 新技术以及 Web 前端开发人员，也可用于高校数字媒体专业、动画设计专业或相关专业的教材。本书不要求读者具有编程经验，不过如果具有编程基础，那么会对本书内容更容易了解。通过本书系统的学习，读者可以掌握 JavaScript 的面向对象技术、HTML5 的图形功能、动画和休闲游戏的编程及开发技术。

本书共分为 3 个部分，第一部分是 JavaScript 脚本语言的基本教程，在该部分集中讲述了用于 Web 网页开发的脚本语言 JavaScript，用简明通俗的语言介绍了 JavaScript 的面向对象技术；第二部分讲解了 HTML5 画布的基本绘图、高级绘图及基于引擎的绘图功能；第三部分则以动画的例程和休闲游戏例程来讲述如何利用原生的 HTML5 画布功能设计动画与休闲游戏的开发。

第一部分

第 1 章 基本概念　本章简单介绍了 HTML5 的发展现状，并且演示了搭建开发环境的步骤流程。

第 2 章 编程基础　本章开始介绍 JavaScript 的基本语法，包括变量命名、数据类型与运算符的作用，编程的书写规范。读者可以了解到 JavaScript 与 C 语言风格的相似之处与不同点，并为之后的学习打好基础。

第 3 章 基本流程控制　本章中讲述了 JavaScript 用于流程控制的基本语句，包括顺序语句、条件语句和判断语句。

第 4 章 函数　本章中，读者可以学习到函数的定义方法，函数参数和返回值的相关知识，读者可以尝试编写一个函数并在语句中调用这个函数。

第 5 章 引用类型　本章介绍了 JavaScript 中的核心类型，即引用类型。JavaScript 是一种基于对象的语言，因此在 JavaScript 中非常多的概念都是通过一个对象来实现，甚至连函数也是一个对象。读者可以从本章学习到 JavaScript 中的内置对象以及访问对象的属性和方法。

第 6 章 面向对象编程　本章中介绍了如何在 JavaScript 中编写面向对象编程的代码，包括对象的封装、继承和多态的实现。

第二部分

第 7 章 Canvas 基本功能　本章中介绍了画布提供的基本绘图功能，读者可以在这章中学到如何利用画布提供的方法来实现在画布上下文中绘图,以及改变绘图属性来绘制不同样式的图案。

第8章 Canvas高级功能 本章在第7章的基础上,更深一层次地讲述了画布提供的高级绘图功能。利用本章中的内容,读者可以绘制出带有更加复杂效果的图案。

第9章 CVIDrawJS绘图部分 本章介绍了中山大学自主研制的CVIDrawJS游戏引擎绘图部分的功能。(通过面向对象编程把绘图方法封装在对象之中,)使得开发者可以方便地调用绘图对象的方法来快速绘图。

第三部分

第10章 预备知识 本章中介绍了动画的形成过程和浏览器上的设备响应的实现。本章主要是为第11、12章的内容做基础。读者可以在本章中学习到矩阵变换所形成的动画和精灵动画,以及与浏览器进行交互的方法。

第11章 HTML5动画设计 本章以一个鱼游动动画的设计为主线,一步步介绍了如何使用HTML5的原生接口进行动画的设计与制作。读者可以学到简单动画的设计过程。

第12章 HTML5休闲游戏设计 本章介绍了浏览器上休闲小游戏的制作过程。其中游戏制作的过程从简单的游戏原型开始,一步步增添功能和完善游戏,带领读者了解一个简单的休闲游戏制作的全过程。

目　　录

第一部分

第二部分

第三部分

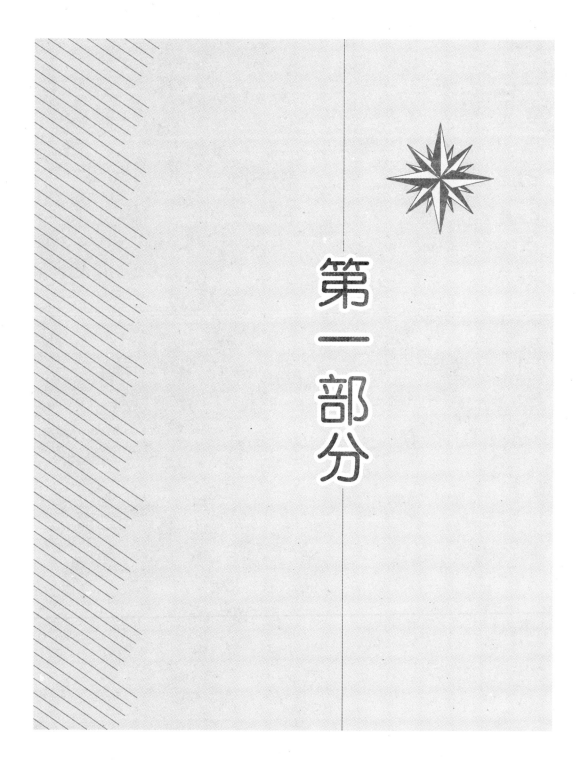

第一部分

第 1 章　基 本 概 念

随着时代发展,移动性和跨平台性成为当前的一大发展趋势,围绕着这一发展趋势,产生了许多新的技术。其中,基于 Web 浏览器的 HTML5 技术受到了广泛关注。下面简单介绍 HTML5 的特性以及用于浏览器客户端的脚本语言 JavaScript。

1.1　了解 HTML5

1.1.1　什么是 HTML5

HTML 是 Hypertext Markup Language 的缩写,即超文本标记语言。超文本标记语言是标准通用标记语言下的一个应用,它通过标记符号来标记要显示的网页中的各个部分,告诉浏览器如何显示其中的内容。

HTML 标准自发布以后,相当一段时间都没有推出新的标准。各家浏览器厂商为了满足日益增长的网站应用功能,联合部分公司和组织创建新的标准,此即为 HTML5 的前身。提出草案并获得万维网联盟(W3C)接纳后,命名为 HTML5 新标准并成立了工作团队。目前,HTML5 标准还在不断发展并完善着。

目前支持 HTML5 的浏览器包括 Firefox、IE9 及其更高版本,Chrome、Safari、Opera 等,而国内的傲游浏览器,以及基于 IE 或 Chromium 所推出的 360 浏览器、搜狗浏览器、QQ 浏览器、猎豹浏览器等浏览器同样具备支持 HTML5 的能力。

1.1.2　HTML5 新特性

HTML5 在原先 DOM 的基础上,增加了多样化的 API 函数,这些新特性让 Web 前端开发人员能够更加轻易地添加很多炫酷的网页效果。新特性包括:

❖　用于绘画的 canvas 元素

❖ 用于媒介回放的 video 和 audio 元素

❖ 对本地离线存储的更好的支持

❖ 新的特殊内容元素

❖ 新的表单控件

其中最让移动端广告动画及游戏开发者感兴趣的就是 HTML5 中新增的 3 个标签，分别是 < canvas >、< video > 和 < audio > 标签。虽然支持 HTML5 的浏览器都支持这三种标签，但是由于图片、音频和视频的格式众多，并不是每个浏览器都能支持多种的多媒体格式。

1.1.3　HTML5 发展趋势

1. 移动优先

从如今层出不穷的移动应用就知道，在这个智能手机和平板电脑大爆炸的时代，移动优先已成发展趋势，不管开发应用还是游戏，都必须考虑移动设备的跨平台性和兼容性。

2. 适合游戏开发

由于 HTML5 的跨平台性，一次开发游戏，可适应不同的平台，目前游戏开发商都愿意用 HTML5 来开发游戏。通过 PhoneGap 及 appmobi 的 XDK 将 Web 游戏应用打包整合到原生应用中也是一种应用方式。

3. 2014 计划

2012 年 9 月，万维网联盟（W3C）提出计划要在 2014 年年底前发布一个 HTML5 推荐标准，并在 2016 年年底前发布 HTML5.1 推荐标准。

1.2　了解 JavaScript

1.2.1　什么是 JavaScript

JavaScript 是一种基于对象和事件驱动的客户端脚本语言。同时也是一种广泛用于客户端 Web 开发的脚本语言，常用来给 HTML 网页添加动态效果和处理交互逻辑，比如修改文档内容和响应用户的交互操作。

完整的 JavaScript 实现包含三个部分：

❖　核心(ECMAScript)

❖　文档对象模型(DOM)

❖　浏览器对象模型(BOM)

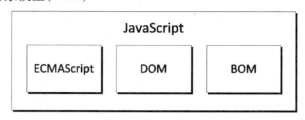

图 1 - 1　JavaScript 组成

1.2.2　核心(ECMAScript)

ECMAScript 与 Web 浏览器并没有直接的依赖关系。ECMAScript 主要向 JavaScript 脚本语言提供了核心类型和基本语法,以下是 ECMAScript 规定的内容。

❖　语法

❖　类型

❖　语句

❖　关键字、保留字

❖　操作符

❖　对象

学习 JavaScript 的过程其实就是先学习 ECMAScript 提供的基本语法和语句,因此有时 JavaScript 和 ECMAScript 被误以为是相同的含义。

1.2.3　文档对象模型(DOM)

文档对象模型(DOM)是一种用于 HTML 和 XML 文档的编程接口。DOM 为一个多层节点结构。HTML 或 XML 页面中的每个组成部分都是某种类型的节点,而这些节点又包含着不同类型的数据。通过 DOM 可以动态地访问程序和脚本,更新其内容、结构和 WWW 文档的风格。文档可以进一步被处理,处理的结果可以加入到当前的页面。

DOM 是一种基于树的 API 文档,它要求在处理过程中整个文档都表示在存储器中,如图 1 - 2 所示。

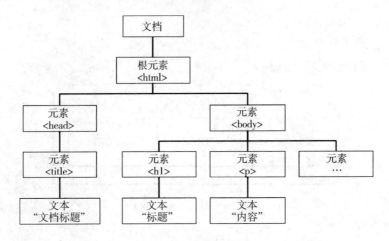

图 1 - 2   文档对象模型

其对应的 HTML 编码如下。

< HTML >

< head >

　　< title > 文档标题 < /title >

< /head >

< body >

　　< h1 > 标题 < /h1 >

　　< p > 内容 > /p >

　　......其他元素

< /body >

< /HTML >

文档树中的每一个节点都包含在父节点之中,并且每一个节点都有自己的属性和文本内容。每个节点都可以看作是一个对象,因此能够如操作对象一样调用文档对象模型中的方法,其中文档对象 document 中较常用的方法如表 1 - 1 所示。

表 1 - 1   document 对象中的常用方法

document 方法	方 法 说 明
write( )	向文档写入 HTML 代码文本
writeln( )	与方法 write( )类似,不过会自动在最后多写一个换行符
createElement(tag)	根据参数中指定的标签名 tag 创建一个元素节点对象,并且返回该对象的引用
getElementById(id)	通过参数 id 的值来获取具有对应 id 属性的元素对象的引用,这个方法返回第一个具有 id 属性的对象

续表

document 方法	方法 说明
getElementsByName(name)	获取具有指定 name 属性值的所有元素对象的集合
getElementsByTagName(tag)	获取具有标签名为 tag 的所有元素对象的集合

1.2.4 浏览器对象模型(BOM)

浏览器对象模型提供给开发者操控浏览器窗口的功能,开发人员可以通过使用 BOM,移动窗口、更改状态栏文本、执行其他不与页面内容发生直接联系的操作。

由于 BOM 没有相关标准,每个浏览器都有自己对 BOM 的实现方式。BOM 有窗口对象、导航对象等一些实际上已经默认的标准,但对于这些对象和其他一些对象,每个浏览器都定义了自己的属性和方式。

在 BOM 对象模型中,窗口对象(window)位于顶部,表示浏览器的窗口,其中有如下常用方法,如表 1-2 所示。

表 1-2 window 对象中的常用方法

window 方法	方法 说明
alert(message)	弹出警示窗口,message 参数为警示内容。这个方法经常用于调试过程中检查变量值和检测是否经过某一流程
setTimeout(callback, time)	设置一个延时器,在指定 time 时间经过后自动执行一次 callback 中的代码内容,time 时间的单位是毫秒。该方法返回一个延时器 ID,用于方法 clearTimeout()
setInterval(callback, time)	设置一个定时器,每隔指定的时间 time 后执行一次 callback 中的代码内容,time 时间的单位是毫秒。该方法返回一个定时器 ID,用于方法 clearInterval()
clearTimeout(timerID)	根据给定的延时器 timerID 取消延时操作
clearInterval(timerID)	根据给定的定时器 timerID 取消定时操作

1.3 搭建开发环境

对于简单的代码输入和运行,只需要一个文本编辑器和支持 HTML5 的浏览器就足够了。但是为了便于调试代码,提高开发效率,非常有必要使用一套用于代码编辑并且

调试代码的集成开发工具 IDE(Integrated Development Environment),下面开始讲解开发环境的搭建。

1.3.1　开发环境介绍

开发过程一般只需要用到两款软件,分别是:

❖　代码编辑器:用于编写修改页面代码,并保存于文件中。

❖　浏览器:主要用于查看代码运行效果,并且调试代码,设置断点等如其他 IDE 的调试功能。

代码编辑器的要求是能够编写文本即可,所以只要用操作系统中自带的纯文本编辑器即可以编写出页面代码。但是纯文本编辑器对开发者要求较高,开发者需要熟记开发语言并小心语法问题。因此为了提高代码编写效率,建议选用一套 IDE 来编写代码,大多数 IDE 有代码提示功能和实时语法错误检测,可以方便地在编写过程中修正语法错误。

由于 HTML5 标准还在进一步的发展当中,所以并不是所有的浏览器都能够很好地支持 HTML5 的运行(如低版本的 IE),在开发过程中需要确保选用的浏览器能够支持 HTML5 的运行。通常情况下,为了开发出具有跨浏览器和兼容性的网页,可能还需要同时安装多款浏览器。

那么有哪几款浏览器支持 HTML5 呢? 值得庆幸的一点是当前各大主流浏览器都能够支持 HTML5 的运行,目前来说 Chrome、Opera、Firefox、Safari 和 IE 等其他浏览器都支持 HTML5 的新特性,但是支持度各不相同。不过随着 HTML5 的正式标准发布,不同浏览器对 HTML5 的支持度将会得到提高。

1.3.2　代码编辑器

1. Nodepad + +

Notepad + +是一款免费的开源代码编辑器,运行界面如图 1 – 3 所示,由 C + +代码编写而成。这款软件短小精悍,可以满足平常学习和代码编写的任务,以下列出了这款编辑器的特性。

❖　内置支持多达 27 种语法高亮度显示,包括常见的源代码和脚本语言,例如 C + +、Java、JavaScript 和 HTML 等。

❖　可自动检测文件类型,根据关键字显示节点,节点可自由折叠/打开,代码显示得非常有层次感,这是此软件最具特色的体现之一。

❖　可打开双窗口,在分窗口中又可打开多个子窗口,允许快捷切换全屏显示模式 (F11),支持鼠标滚轮改变文档显示比例等。

图1-3　Nodepad++界面

可见图1-3中软件界面非常整洁,使用速度快,可以满足个人的代码编写需要。

在初次使用这款软件时,可以调整默认设置来符合代码编写的要求。

❖　设置语言

由于 Nodepad++ 支持多种语言,因此在正式编写代码前需要选定开发时的语言环境,以激活 Nodepad++ 软件的语言高亮显示和语法检测。

选中"语言"菜单栏,如图1-4所示。可以看到支持的语言种类非常多,假如要编写 HTML 文档,那么就选择"H"字母下的"HTML"。选中后,代码编辑区中的相应 HTML 代码便会有高亮显示。假如要编写 JavaScript 脚本语言,那么就选中"J"字母中的"JavaScript"。

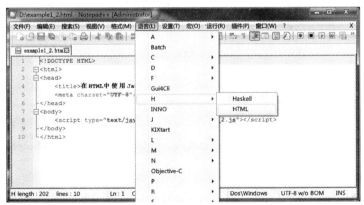

图1-4　选择语言

❖ 代码自动提示

代码自动提示功能可以为开发人员提供非常大的方便,有助于开发人员节省代码编写时间,并且降低输入错误代码的概率。

选中"设置"菜单栏,再点击"首选项"打开软件的设置界面,如图1-5所示。

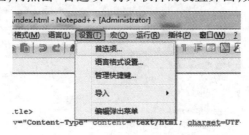

图1-5 首选项菜单

在弹出的设置栏中,如图1-6所示,选择"自动完成"一栏,并且可以按照下图在相应的选项前打"√",以激活自动完成功能和符号的自动插入功能。

图1-6 自动完成选项

以上设置都是基于个人习惯而设置的,编写代码当然最好是要符合开发者的习惯。调整好软件设置以后,便可以开始编写代码。

❖ 运行代码

编写好代码,检测没有语法错误后,就可以用浏览器打开所编写的 HTML 文档来检查其运行效果了。

首先,最基本的方法当然是直接双击 HTML 文件来用默认的浏览器打开并运行,或者把 HTML 文件拉进到浏览器中打开。而 Nodepad + +还提供了另外的方法来运行 HTML 文档。

在菜单栏中可以发现有"运行"菜单,选中后可以看到 Nodepad + +提供了 4 种主流的浏览器来运行 HTML 文件,如图1-7所示。

图1-7 代码运行

点击相应的浏览器后,如果是第一次使用该浏览器运行,那么会耗费一段时间寻找该浏览器位置来打开运行。

2. Dreamweaver

Adobe Dreamweaver,简称"DW",是美国 MACROMEDIA 公司开发的集网页制作和网站管理于一身的所见即所得网页编辑器,它是一套针对专业网页设计师特别定制的可视化网页开发工具,利用它可以轻而易举地制作出跨越平台限制和跨越浏览器限制的充满动感的网页。如图1-8 中为 Dreamweaver 界面。

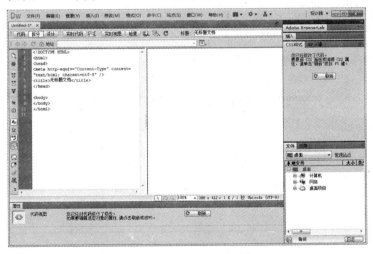

图1-8 Dreamweaver 界面

可以看出窗口中央有两个空白区,左边区域是代码编辑区,而右边的区域是实时的页面显示区,即输入的代码能够实时地把效果显示在显示区中,方便开发者观察代码运行效果。并且 Dreamweaver 还提供了非常庞大的功能,为一些企业级的开发工程提供了很大的方便。但是 Dreamweaver 是一款收费软件,首次下载后有30 天的试用期限。

Dreamweaver 创建相应的 HTML 文件或 JavaScript 脚本文件后,便可以自动识别语言并进行语法错误检测。在编写完 HTML 文档后,可以直接在实时显示区中观察效果,也可用浏览器打开观察效果。选中中央较上方的"地球"状图标,选中相应的浏览器,即可打开 HTML 文档,如图 1-9 所示。

图 1-9 代码运行

1.3.3 浏览器

只要选一款支持 HTML5 的浏览器就可以,在本书中选用的是 Google Chrome 浏览器和 FireFox 浏览器,演示怎样使用这两款浏览器来调试代码。

1. Google Chrome 浏览器调试

在最新版的 Google Chrome 浏览器中,看到右上角的菜单按钮,点击并弹出主菜单,这时候选择"工具",并在弹出的子菜单中选择"开发者工具",如图 1-10 所示。

图 1-10 Google 浏览器菜单

单击后,在浏览器下方便会弹出开发者的调试区,一般情况下只需要关注"Sources"和"Console"两栏就可以。在"Sources"中可以看到网页中加载的脚本文件和 HTML 文档,打开其中脚本文件,可以看到里面的源代码。此时只要在代码的行号上单击鼠标,便可以在相应的行中设置端点,刷新页面重新运行后便能看到网页运行到断点处即停止运行,通过设置断点来调试代码。如图 1-11 所示。

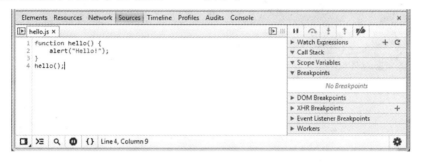

图 1-11　源代码

另外一处便是"Console"一栏,这个是控制台信息,如果在代码中输出了控制台信息,便可以在此处看到输出信息。要善用控制台的输出信息,因为里面包含了许多错误提示语句,方便开发人员调试代码与查错。

2. FireFox 浏览器

在最新版的 FireFox 浏览器中,先看到左上角的菜单按钮,点击并弹出主菜单,这时候选择"Web 开发者",并在弹出的子菜单中选择"Web 控制台",如图 1-12 所示。

图 1-12　FireFox 菜单栏

在弹出的调试栏目中,可以看到同样有控制台和调试器如图 1-13 所示,其中控制台可以看到代码中输出到控制台的信息,调试器中可以设置断点,设置方法一样,在相应的行号中单击鼠标即可。其他的比如查看器可以查看当前网页的 HTML 文档代码,浏览器还提供了更多的调试功能方便开发人员调试程序。

准备好开发环境后,接下来便可以开始编写 HTML 文档和 JavaScript 脚本代码。

图1-13　FireFox 调试

1.4　在 HTML 文档中使用 JavaScript

在开发交互的 Web 页面开发过程中,需要在网页文档中引入 JavaScript 脚本语言,此时可以把 JavaScript 代码嵌入到 HTML 文档中。在 HTML 文档中引入 JavaScript 代码有两种方法:一种是在文档中直接嵌入 JavaScript 脚本语言;另一种是将 JavaScript 脚本文件嵌入 HTML 文档中。

1.4.1　新建 HTML 文档

下面利用搭建好的开发环境来新建一个 HTML 文档并加入代码。

第一步,点击"文件"菜单栏,并在弹出的菜单中选择"新建",可见新建了一个空白文档;第二步,点击"语言"菜单栏,选择语言"HTML",并且将这个新建的文档保存为"HelloWorld. html",并在代码编辑区中输入以下代码,如代码清单 1-1 所示。

代码清单　　1-1

```
<! DOCTYPE HTML >
<HTML >
<head >
    <title >测试 </title >
    <meta charset = "UTF-8"/ >
</head >
<body >
```

```
<h1 > Hello World! </h1 >
</body >
</HTML >
```

其中 <! DOCTYPE HTML > 表示的是 HTML5 的文档模式，浏览器接收到这个信息后在解析文档上的行为会有不同的差异，既然要开发 HTML5，所以预先声明为 HTML5 文档模式。

参考图 1 - 2 可知，文档接下来的是根元素 < HTML >，文档树的第一个节点是 < head > 元素，里面包含了元素 < title > 和 < meta >。其中 < title > 元素指明页面在浏览器标签页上的标题，< meta > 提供页面的元信息，charset 属性表明文档的字符编码，采用 UTF - 8 的编码方式来解析文档内容，否则，编码方式不对就会显示乱码。还有另外一个节点 < body >，在这元素间添加 < h1 > 元素，并输入内容"Hello World!"。

第三步，点击"运行"菜单栏，并选择用 Google 浏览器打开 HTML 文档。可以看到运行效果如图 1 - 14 所示：

图 1 - 14 运行效果

1.4.2 直接嵌入 JavaScript

在 HTML 文档中嵌入 JavaScript 的方法就是使用 < script > 元素，其中 < script > 元素有属性 type，表示编写代码使用的脚本语言的内容类型，最大限度地考虑到浏览器兼容性，可以设置成 text/javascript。不过，这个属性不是必需的，忽略这个属性值的情况下默认是 text/javascript。

基于这个标签，可以在 HTML 文档的 < body > </body > 元素间使用 < script > 元素嵌入 JavaScript 脚本语言，实现如代码清单 1 - 2 所示。

代码清单 1 - 2

```
<! DOCTYPE HTML >
```

```
< HTML >
< head >
    < title >在 HTML 中使用 JavaScript </title >
    < meta charset = "UTF – 8"/ >
< body >
< script type = "text/javascript" >
    function sayHello( ) {
        alert("Hello World! ");
    }
    sayHello( );
</script >
</body >
</HTML >
```

代码清单中的其他部分都是 HTML 文档的内容,而在 < body > </body >元素引入了 < script >元素,并在 < script > </script >元素之间代码就是嵌入的 JavaScript 代码。

```
script type = "text/javascript" >
    function sayHello( ) {
        alert("Hello World! ");
    }
    sayHello( );
</script >
```

其中 type 属性标明了元素间嵌入的脚本类型是 JavaScript 语言。

在脚本语言中,先定义了一个名叫"sayHello"的函数,函数中调用 alert 函数在浏览器上输出一条提醒信息,信息内容为"Hello World!"。在定义完函数之后,在下面调用 say-Hello 函数,运行 HTML 文档后可见浏览器弹出提醒信息,如图 1 – 15 所示。

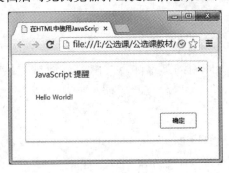

图 1 – 15　提醒信息

1.4.3 嵌入 JavaScript 脚本文件

当需要用到的脚本语言数量庞大的时候,把所有代码都放在 HTML 文档中不便于管理。因此通常情况下,可以把脚本语言单独放在一个脚本文件中,之后在 HTML 文档中加载这个脚本文件。

<script>元素中还有"src"属性,表示元素包含要执行的代码的外部文件,利用该属性可以指定需要引入的 JavaScript 脚本文件,HTML 文档打开以后便会加载文件中的脚本语言并执行。

新建 JavaScript 脚本文件,后缀名为"js",命名为"hello. js",并输入代码清单中的内容,如代码清单 1 – 3 所示。

代码清单 1 – 3

```
function sayHello( ) {
    alert(" Hello World! ");
}
sayHello( );
```

修改 HTML 文档中的<script>元素,实现如代码清单 1 – 4 所示。

代码清单 1 – 4

```
<! DOCTYPE HTML >
< HTML >
< head >
    < title > 在 HTML 中使用 JavaScript </title >
    < meta charset = " UTF – 8" / >
< body >
< script type = " text/javascript" src = " hello. js" > </script >
</body >
</HTML >
```

相应的元素内容改为 script type = " text/javascript" src = " hello. js" > </script >,即在<script>元素中添加了 src 属性并指向外部脚本文件"hello. js",运行后可以看到显示效果同代码 1 – 2 运行一致。

1.5　小结

本章介绍了 HTML5 的由来以及新特性,包括:

❖　用于绘画的 canvas 标签

❖　用于媒介回放的 video 和 audio 标签

❖　对本地离线存储的更好的支持

❖　新的特殊内容元素

❖　新的表单控件

其中最引人注目的标签就是 < canvas > 、< video > 和 < audio >标签。

接下来介绍了 JavaScript 的组成部分,包含:

❖　核心(ECMAScript)

❖　文档对象模型(DOM)

❖　浏览器对象模型(BOM)

ECMAScript 主要涵括了 JavaScript 中的基本语法和数据类型。DOM 模型主要为开发者提供了一种处理网页文档的方式,它是一种基于树的多层节点结构。BOM 模型给开发者提供了一种控制浏览器的方法,其具体的操作方式有别于不同的浏览器。

接下来讲解开发环境的搭建步骤,并介绍了两款代码编辑器的使用。运行代码只要使用能够支持 HTML5 的浏览器即可,没有特别要求。本书演示了在 Google 浏览器和 FireFox 的浏览器下调试基本步骤。

1.6　习题

1. 试写出 3 种 HTML5 中新增的标签元素。

2. 完整的 JavaScript 有三个部分,包括:_____、_____和 _____。

3. 文档对象模型(DOM)是一个 _____结构。

4. 以下哪种工具不是 Web 浏览器?

A. IE

B. Firefox

C. Chrome

D. Word

5. 以下哪个标签用于在 HTML 文档中嵌入 JavaScript 脚本？

A. ＜canvas＞

B. ＜script＞

C. ＜video＞

D. ＜audio＞

6. 在电脑上搭建开发环境,选择一款代码编辑器和浏览器,按照教材中的教程安装并编写 HTML 文档。

第2章 编程基础

在这一章中将要介绍 JavaScript 中的数据类型、变量和运算符等基本语法，有过 C 语言风格编程基础的读者会非常迅速地学习 JavaScript 语法，因为 ECMAScript 语法大量借鉴了 C 语言的语法。

2.1 编程规范

2.1.1 注释

和 C 语言风格的注释方法一样，JavaScript 也有两种注释方法，分别是单行注释和多行注释，浏览器对 JavaScript 中的注释内容不做解释。

❖ 单行注释

单行注释用两个连续斜杠(//)表示，注意两斜杠间不能有空格。斜杠后的一行内容都表示注释，不会被解析到运行结果中。

❖ 多行注释

单行注释用斜杠和星号来表示，其中先斜杠后星号(/*)表示注释的开头，先星号后斜杠(*/)表示注释的结束，而在之中的所有代码都被当作注释，多行注释不能嵌套使用，如下所示：

/*这里是多行注释

所有代码都不会解析。*/

2.1.2 命名规范

JavaScript 允许设置任意符合规定的标识符名字。本书建议变量名选择易于记忆，具有可读性的名字，保持代码清晰的良好风格。如果变量用于保存一个姓名，那么变量名可命名为 name,表示年龄的变量名就可命名为 age。

如果遇到了多个字母的标识符,可以选择缩写的方法并注释起来,或者采用驼峰式的大小写格式,即第一个字母小写,而接在一起的第二个单词的首字母大写,例如:studentName、teacherAge 等。这样使代码的可读性有明显的提升。

2.2　变量

变量是程序中的一个已命名的存储单位,即用一个变量名代表一个变量值,变量的值可以通过赋值发生变化。但是在 JavaScript 中,对于基本数据类型和引用类型,变量的行为差异较大,因此对于变量所赋予值的类型要慎重。

2.2.1　变量命名

在 JavaScript 中,变量名都是一种标识符,所谓的标识符其实就是指变量、函数或者属性的名字,这些命名都要符合以下规则:

❖　区分大小写

一切的标识符都是区分大小写的,只要内含的字母中有不同的大小写,那么标识符就会被认定为不同的名字,即 name 和 Name 是不同的变量名。

❖　字符规定

并不是所有的字符都能用来作为标识符名字,在 JavaScript 语言中,只有字母、下划线(_)、美元符号($)和数字能被包含在标识符中,其他都作为不合法名字。并且规定了标识符的第一个字符必须是字母、下划线或者是美元符号,即不能以数字作为首字符。

例如 abc、$ name、_age18 都是合法标识符,但是 123、#name、+ age 就是不合法字符了。

❖　不能用关键字

规定标示符不能使用 JavaScript 中的保留字和关键字作为标识符。以下列出 JavaScript 中的关键字:

break	do	instanceof	typeof	case	else	new	var
catch	finally	return	void	continue	for	switch	while
debugger	function	this	with	default	if	throw	delete
in	try						

2.2.2　变量声明和赋值

注意在 JavaScript 中变量都是弱类型，即变量没有特定的类型值，因此声明一个变量都是使用"var"关键字。

```
var name;
```

也可以在一个 var 下同时声明多个变量，变量间用逗号分隔。

```
var name, age, weight;
```

声明一个变量后，由于还没有赋值，变量名就只是一个空壳。在声明的同时可以为变量赋一个值。

```
var name = "XiaoMing", age = 18, weight = 60;
```

正由于 JavaScript 的弱类型关系，在同一个 var 中声明并赋值了数值类型的变量和字符串类型的变量，这是允许的。

这里要格外注意的一点是，变量赋值以后，可以再通过赋值改变变量的值。

```
var name = "XiaoMing";        //字符串类型的变量
name = 60;                    //允许,不推荐
```

在上述例子中，把变量 name 声明一个字符串，之后再通过赋值使 name 保存了一个数值。这在 JavaScript 中是允许的，正是 JavaScript 弱类型的原因。但是不建议这样的做法，保持一个变量的数据类型不变有助于代码的可读性，减少 Bug 的出现。

2.2.3　变量的作用域

声明定义的变量都存在着一个作用和访问范围，也是所谓的作用域。按照作用域的范围不同，变量可分为全局变量和局部变量。

每个函数内部都有自己的作用域，在函数中声明定义的变量视为局部变量，即只能在函数内部才能访问到，一旦函数执行完毕返回到函数外的环境时，函数外部便无法继续访问到函数内部的局部变量，如下所示。

```
function test( ) {
    var value = 100;
    alert( value );
}
test( );                    //输出 100
alert( value )              //输出 null 表示 value 未定义
```

在函数内部输出警示信息时，因为与局部变量 value 处于同一作用域中，因此能够访

问到 value 的值。但是在函数外部输出警示信息时,不能访问到函数中的局部变量 value,因此会搜索全局环境中的全局变量 value,而没有定义全局变量 value,因此输出为 null。

而在函数之外声明定义的变量一般是全局变量,它的作用范围最广,在当前的代码环境下都能被访问到,其中也包括了函数在内。如以下例子所示。

```
var value = 100;
function test( ) {
    value = 200;
    alert( value );
}
test( );              //输出 200
alert( value );       //输出 200
```

在函数内部修改 value 的值并输出 value,此时函数内部并没有声明定义局部变量 value,因此 value 标识符的解析会沿着上级的作用域继续寻找。由于已经在函数外定义了一个全局变量 value,因此函数内部访问到这个全局变量,修改它的值并输出警示信息。可见在函数执行结束后,全局变量的值已经被修改为 200。

在 JavaScript 需要注意的一点是没有块级作用域。在其他强类型语言,如 C 语言中,一对大括号中的内容拥有自己的作用域,一旦超出了大括号的范围,其中的局部变量就访问不到。但是在 JavaScript 中不存在这样的规则,即使已经退出大括号也还可以访问到花括号中的变量,如下所示。

```
if (true) {
    var value = 100;
}
alert( value );       //输出 100
```

在使用 for 语句时,经常会定义一个内部递增的局部变量,如下。

```
for (var i = 0; i < 100; i++) {
    doSomething( );
}
alert( i );           //输出 100
```

在循环语句结束后,变量 i 还存在于当前的作用域之中。

2.3 数据类型

JavaScript 中有 5 种基本数据类型,分别是:Undefined、Null、Boolean、Number 和 String。并且还有一种复杂数据类型 Object,Object 类似是一种引用类型,其具体的行为与基本数据类型有别,后面会详细介绍到。

2.3.1　Undefined 类型

Undefined 类型只有一个值,那就是 undefined,即未定义的值。那么什么时候会产生这个值呢? 那就是使用 var 关键字声明一个变量却没有对其初始化时,这个变量所指的值类型位置,所以为 undefined。

可以使用 alert 函数显示变量的值来观察未初始化的变量的数据类型。

```
var test;            //test 变量并没有初始化
alert(test);         //显示信息为 undefined
```

还可以手动地为一个变量赋值为 undefined 值:

```
var test = undefined;          //将 test 赋值为 undefined
alert(test = = undefined);
```

//这里用 = =运算符判断 test 的值是否等于 undefined,返回 true

2.3.2　Null 类型

Null 类型同样也只有一个值,即 null,意思是为空的。null 值所代表的意思类似于 C 语言中的空指针,即什么也没有指向。

```
var test = null;          //test 变量赋值为 null
alert(test)               //显示信息为 null
```

如此一看 undefined 和 null 似乎非常相似,而实际上 undefined 值是派生自 null 值,因此当用 = =运算符判定相等性时返回 true 值,即判定相等。

```
alert(null = = undefined)          //显示信息为 true
```

虽然两者看上去可以互用,但是一般来说对此两值的意义不相同。null 一般是作为空指针的意味,即当一个变量是指向对象,但对象不存在时,应该明确指出该变量指向 null,这样做有助于代码的可读性。

2.3.3　Number 类型

Number 类型是数值类型,其中可分为整型和浮点型两类。

1. 整型

整型是数值的整数类型,不含小数。可用十进制、八进制和十六进制表示。可以直接使用十进制整数初始化一个变量,如下:

```
var number = 55;          //十进制整型数
```

如果用八进制的数赋值,可以在数值前面添加一个前导 0 作为八进制数的标记。要注意的是如果数值中有字面值超出了八进制的数值范围,即超过 8 的话,那么前导零将忽略,处理为十进制数。

```
var number = 064;         //表示八进制数 64,换算成十进制为 52
```
```
var number = 081;         //前导零将忽略,表示成十进制数 81
```

如果用十六进制数表示,则需要在数值前方加 0x,其中十六进制数值范围是 0～9 和 a～f,字母可小写也可大写 A～F。

```
var number = 0x11;        //十六进制数 11,转换成十进制数为 17
```
```
var number = 0xAB;        //十六进制数 AB,转换成十进制数为 171
```

在进行算术运算时,八进制和十六进制都将转化为十进制数进行运算。

2. 浮点数

所谓浮点数即表示为数值包含小数点和小数,要注意的一点是,如果浮点数可表示为整数,JavaScript 会自动去除小数点并表示成整数,因为浮点数需要的存储空间要比整型大,浏览器内置的 JavaScript 解释器会自动做出转换,以便节省变量的存储空间。

```
var number = 5.2;         //浮点数
```
```
var number = .8;          //允许,表示为 0.8
```
```
var number = 2.0;         //自动转化为整型数 2 存储,节省空间
```

上述例子中可以直接用 .8 来表示浮点数 0.8,但是不推荐这种写法,这样会导致代码不美观,可读性降低。

对于一些较大的数或者是小数点后的零非常多的小数,可以改用科学计数法来表示,即用字母 e 和数字来表示一个数值乘上 10 的指数幂,其中字母 e 可小写也可大写 E。

```
var number = 1.23e8;      //表示 12300000,即 1.23 × 10⁸
```

$$var\ number = 1.23e8;\quad //表示\ 12300000,即\ 1.23 \times 10^8$$

```
var number = 5e - 7;      //表示为 0.0000005,即 5 × 10⁻⁷
```

$$var\ number = 5e-7;\quad //表示为\ 0.0000005,即\ 5 \times 10^{-7}$$

在使用浮点数的时候需要注意的一个问题是:不要尝试去测试某个特定的浮点数。可以输入以下代码测试一下结果。

```
alert((0.1 + 0.2) = = 0.3);      //提醒信息为"false"
```

上面的例子中,将 0.1 + 0.2 的结果与 0.3 判断相等性,毋庸置疑地两者结果应该是相等的,可是非常困扰地判断结果会是 false,即两者不相等。可以利用 alert 输出 0.1 + 0.2 的结果看看。

```
alert(0.1 + 0.2);                //提醒信息为 0.30000000000000004
```

究其原因是浮点数进行计算时会有一定的舍入误差,精确度远远不如整型运算。浮点数的最高精度为 17 位,相加后出现了少许的偏差,虽然对于运算的结果来说影响不大,但是如果要测试相等性,那么造成的结果就截然相反(由相等变成不相等)。当然不是全部浮点数都会产生这样的误差,但是为了确保在任何情况下所编写的代码都能运行

正常,最好不要直接去相等测试特定的浮点数。

也可以拟定一个精确度来测试两个浮点数的相等性。

```
alert(((0.1 + 0.2) - 0.3) < 0.0001);
//这是精确度为小数点后四位来判断浮点数的相等性
```

3. 数值范围

JavaScript 中能够保存的数值当然不可能是无限大的,用于保存数值的所用内存大小使具体数字的表示在最大数值和最小数值之间。可以利用 Number. MIN_VALUE 查看最小数值和利用 Number. MAX_VALUE 查看最大数值。在大多数浏览器中,最小数值为 $5e-324$,最大数值为 $1.7976931348623157e+308$。

当计算结果超出了数值范围,JavaScript 就不能准确表示。当数值小于最小数值时,数值显示为 0。当数值大于最大数值时,数值表示为 Infinity,表示为无穷大的意思。可以用函数 isFinite( ) 来确定一个数是否有穷。

下面利用另一调试函数 console. log( ) 来把消息输出到控制台中,这样就可以一次输出所有调试信息,方便调试。实现如代码清单 2-1 所示。

代码清单　2-1

```
console. log( Number. MIN_VALUE);            //返回 5e-324
console. log( Number. MAX_VALUE);            //返回 1.7976931348623157e+308
console. log( Number. MIN_VALUE / 2);         //返回 0
console. log( Number. MAX_VALUE * 2);         //返回 Infinity
console. log( isFinite( Number. MAX_VALUE * 2));   //返回 false
console. log(1 / 0);           //返回 Infinity
```

代码清单中省略掉 HTML 文档的其余部分,只保留 JavaScript 代码。

所使用的浏览器为 Google 浏览器,根据浏览器的不同可能会出现不同的数值。根据第 1 章的方法打开控制台,即可以看到控制台中按顺序输出相应的消息。isFinite 函数检查一个数值是否有穷,由于 Number. MAX_VALUE * 2 已经超出了最大值范围,所以结果返回 false,即不是有穷。

最后输出 1 除以 0 的结果,在数学上这是不合法的算式,而在 JavaScript 则允许存在,输出结果是 Infinity。

4. 数值转换

在 JavaScript 中有 3 个函数可以将其他数据转化成十进制数值,这 3 个函数分别是 Number( )、parseInt( ) 和 parseFloat( )。可以转换的数据类型包括之前提到过的 5 种基本数据类型,转化规则如下。

❖ undefined 转化为 NaN,其中 NaN 是非数值(Not a Number) 的意思,即不能转化

成数值,可以用函数 isNaN( )来查看这数值。

❖　　null,用 Number 函数时转化为 0,另外 parseInt( )和 parseFloat( )转化为 NaN。

❖　　Number 类型,如果是十进制数,那么没有变化。如果数值符合八进制形式,即加上前导零并且其中的数值不超过 8,会将八进制数转化成十进制并输出。

❖　　Boolean 类型,用 Number 函数时,true 转化成 1,false 转化成 0。另外 parseInt( )和 parseFloat( )转化为 NaN。

❖　　String 类型,如果字符串中只包含数值,将对应的数值转化成十进制,要注意的是转化会忽略前导零,即"070"并不转化为 56,而是转化为 70。如果是添加前导"0x",可以按照十六进制转化,即"0xA"转为 10。String 还有其他的转化行为,随着函数会有不同的变化,稍后会提到。

下面给出 Number( )转化函数的例子,实现如代码清单 2 – 2 所示。

代码清单　2 – 2

```
console. log( Number( undefined) );        //NaN
console. log( Number( null) );             //0
console. log( Number( 070) );              //56
console. log( Number( 0xA) );              //10
console. log( Number( true) );             //1
console. log( Number( "070") );            //70
console. log( parseInt( null) );           //NaN
console. log( parseInt( true) );           //NaN
```

注意 070 和"070"的输出结果的差异,一个是数字型转化,另一个是字符串转化。可以发现 Number( )就类似于 C 语言风格中的强类型转化。

另外需要注意的地方是,对于 null 值和 Boolean 类型的值,当使用 parseInt( )和 parse-Float( )函数时会转化为 NaN,这两个函数专门针对数值和字符串中的数值。

当转化的 String 类型中包含数值以外的符号或者是空字符串,转化的行为在上面 3 个函数间就不同了。

对于 Number( )函数,遇到空字符串" "时会转化为 0,而遇到包含数值以外的字符串时,便会无法解析而返回 NaN。

对于 parseInt( )和 parseFloat( )函数,遇到空字符串" "时会返回 NaN。当遇到包含数值以外的字符串时,函数会解析非数值字符前的数字并转为十进制,例如"123abc123"会转化成数值 123。如果非数值字符之前没有数字,则输出 NaN,例如" abc123"会输出 NaN,实现如代码清单 2 – 3 所示。

代码清单　2－3

```
console.log(Number(""));            //0
console.log(parseInt(""));          //NaN
console.log(Number("123abc123"));   //NaN
console.log(parseInt("123abc123")); //123
console.log(parseInt("abc123"));    //NaN
```

在数值转化上,parseInt()和parseFloat()函数都有非常相似行为,但是可以从函数名字上推断出它们的区别:

parseInt()将数据转化成整型数值,如有浮点数,将只保留整数数值。

parseFloat()将数据转化成浮点型数值,将字符串中的小数点作为浮点数输出。如果遇到两个小数点,则只保留第二个小数点前的数值。

实现如代码清单2－4所示。

代码清单　2－4

```
console.log(parseInt("1"));          //1
console.log(parseInt("2.5"));        //2
console.log(parseInt("5.0"));        //5
console.log(parseFloat("1"));        //1
console.log(parseFloat("2.5"));      //2.5
console.log(parseFloat("5.0"));      //5
console.log(parseFloat("5.125.652"));  //5.125
```

要注意的是parseFloat()转化5.0的时候,输出结果为5。之前提到过,浮点数在转化整数时JavaScript将自动转为整数,减少变量的存储空间。

parseInt()函数还提供第二个参数:转化时使用的基数,即进制数。函数会把第一个参数中的数值作为由第二个参数给定的进制数来转为十进制数,如果要把"101"看成二进制数来转化,可用parseInt("101",2)。

在给定进制数的情况下,如果第一个参数中的数值超过了相应的进制数,那么只把在此之前的数值进行转化,例如parseInt("113",2),那么只有"11"进行转化,输出结果为3,实现如代码清单2－5所示。

代码清单　2－5

```
console.log(parseInt("101", 2));     //5
console.log(parseInt("101", 4));     //17
console.log(parseInt("17", 8));      //15
```

```
console.log( parseInt( "F", 16 ) );        //15
console.log( parseInt( "113", 2 ) );       //3
console.log( parseInt( "812", 8 ) );       //NaN
```

最后的语句,由于数值 8 不在八进制范围内,因此只转化 8 之前的数值,但是在 8 之前没有任何数值,所以输出 NaN,并不是 0。

2.3.4　Boolean 类型

布尔(Boolean)类型代表的是逻辑上的真假,只有两个值:true 和 false,布尔类型的值一般用在条件判断中。在 JavaScript 中,其他的数据类型都可以转化为 Boolean 类型用于条件判断,以下是各类型的转换,如表 2 - 1 所示。

表 2 - 1　各数据类型转换表

数据类型	转换为 true	转换为 false
Undefined	不存在	undefined
Number	非零数值(包括 Infinity)	0 和 NaN
String	非空字符串	空字符串("")
Object	任何对象	null

由于 JavaScript 中能够对不同类型的数据作出自动转化为 Boolean 类型,这样的灵活性,可方便在不同的条件语句中进行判断。

2.3.5　String 类型

在 JavaScript 中字符串可用单括号(')或者是双括号(")表示,两种表示方式是等价的,例如空字符串可表示为"或者是" " ,一个单词可表示为'string'或" string" 。

字符串常量中包含了转义字符,其中有一些表示不可显示但是有实际意义的字符,而另外一些是避免匹配混乱而设置的转义字符,表 2 - 2 是转义字符列表。

表 2 - 2　转义字符

转义字符	含义
\b	退格符
\f	换页符
\n	换行符

续表

转义字符	含义
\r	回车符
\t	制表符
\'	单引号
\"	双引号
\\	反斜杠
\0nnn	八进制代码 nnn 表示的字符
\xnn	十六进制代码 nn 表示的字符
\unnnn	十六进制代码 nnnn 表示的 Unicode 字符

因为转义字符是用反斜杠来做标记,于是如果要表示反斜杠本身的话,需要用到反斜杠的转义字符\\。由于字符串是使用单引号或者双引号表示,所以在显示单双引号的时候也要使用转义字符的形式。

2.3.6 Object 类型

JavaScript 是一种基于对象的编程语言,每个对象都有自己的属性和方法,在创建一个 Object 对象之后,可以给这个对象添加属性和方法。

例如创建一个人的对象,人有属性 name、age 和 weight 等,可以写成如下形式。

```
var people = new People();
people. name = "XiaoMing";
people. age = 18;
people. weight = 60;
```

除此以外,人还能够走路、跑步和睡觉等,这些都属于人这个对象的方法。

```
people. walk();
people. run();
people. sleep();
```

用 new 关键字创建出的对象实例都保存有自己的属性和方法,这些属性在实例之间应该是互不干扰的。

在 JavaScript 中几乎所有的事物都是对象,包括基本数据类型和函数。在定义一个数据类型的时候,实际上已经创建了一个对象,如下例子。

```
var age = 18;
```

实际上,上述代码创建了一个 Number 对象,而对象都有自己的方法,用 Number 对象的成员方法 toString() 可以将数字转化成字符串形式"18"。

在 JavaScript 中所有对象的基础就是 Object,可以创建一个最原始的对象实例,并且为这个对象实例添加属性和方法。

```
var people  = new Object( );
people. name  = "XiaoDong";
people. age  = 20;
```

创建了最原始的对象实例后,再继续为这个实例添加属性 name 和 age。为实例添加属性时直接通过访问并赋值的方式即可添加属性并初始化。

在第 6 章中会讲到利用 JavaScript 基于对象的这个特性来进行面向对象编程,而面向对象编程使开发过程变得编程方便、代码清晰和可扩展。

2.4　运算符与表达式

JavaScript 中的运算符能够作用于多种不同类型的值,而运算符在不同数据类型中的行为会有一些差异,下面来介绍一下 JavaScript 中的表达式与运算符。

2.4.1　表达式的含义

表达式是运算符和操作数连接起来,并符合语法规则的式子。表达式可以由简单的操作数和运算符组成,也可由复杂的运算符组成。以下两条式子都属于表达式。

简单的表达式可以表示为:

x, 100, x +100

而复杂的表达式可以由数个操作数和运算符组成:

x + 2 / 100 > > 1, 10 ×(a +5)

每条表达式都具有值,其结果由其中的操作数和运算符决定。

2.4.2　JavaScript 中的运算符

首先来认识一下什么叫运算符(也称操作符)。运算符是针对数据的一些基本运算所代表的符号,当把运算符作用于操作数时,就相当于向该操作数作出基本运算。

例如最基本的加减乘除运算(+ 、– 、* 、√),当然也有其他一些运算符,按照运算符的作用操作数个数,可分为单目运算符(只有 1 个操作数)、双目运算符(2 个操作数)和三目运算符(3 个操作数)。

除此以外,运算符还有优先级和结合性之分,优先级决定了运算符执行的先后顺序,结合性决定了运算符两边的表达式的执行顺序。表2-3列出JavaScript中各个运算符的优先级和结合性。

表2-3　运算符优先级和结合性列表

优先级	运算符	结合性
1	（）［］·	左结合
2	++ -- ! ~ -（取负）typeof new delete	右结合
3	* / %	左结合
4	+ -	左结合
5	<< >>	左结合
6	< <= > >=	左结合
7	== != === !==	左结合
8	&	左结合
9	^	左结合
10	|	左结合
11	&&	左结合
12	||	左结合
13	? :	右结合
14	= += -= *= /= %= >>= <<= &= |= ^=	右结合
15	,	左结合

2.4.3　运算符的优先级

运算符都有自身的优先级,例如乘除号(*和/)要比加减号(+和-)优先计算,而不仅仅是算术运算符,其他所有的运算符都有各自的优先级,因此当需要在一条表达式中使用多种运算符时要注意好每个运算符的优先级别,否则有可能达不到预期的结果,不过可以在操作数之间添加括号()使其优先计算。

例如表达式

a+b×c

由于乘法运算符优先级大于加法运算符,因此上述表达式先计算乘法再计算加法,即表达式的计算顺序为a+(b×c)。

另外一个例子

3+8 > 2×4

可以看到加法和乘法运算符优先级高于 > 运算符,因此表达式执行顺序为(3+8) > (2×4)。

其中圆括号的优先级位于第一位,一般可以在表达式的子表达式中适当添加圆括号,使其与数学中的运算顺序一样。

2.4.4　运算符的结合性

运算符也有自身的结合性,分为左结合性和右结合性,即在同优先级的情况下,左结合性表示运算符左边先起作用,同理右结合性表示运算符右边的表达式先起作用。

例如减号"－",有表达式

10 － 5 － 3

根据"－"运算符是左结合性,所以这个表达式先计算10 － 5,再把结果减去3,即(10 － 5) － 3。

而另一条表达式

x = y = 3,

其中"＝"是右结合性,即表达式等于x ＝(y ＝ 3)。所以结果是先把3赋值给变量y,赋值结束后再把y的值赋给变量x,效果等同于把3同时赋值给x和y变量。

2.4.5　算术运算符

1. 加法运算符

加法运算符(＋)是将两个数字相加起来得到结果。由于运算符可以作用于不同的数据类型上,接下来侧重讨论作用于字符串和数值类型时的行为。

❖ 两个操作数都为数值类型

当两个操作数都为数值类型时,加法运算即是数学上的相加,无论是整型数据或者是浮点数都可相加于一起,例如6.3 ＋ 4结果为10.3。

❖ 两个操作数都为字符串

当两个字符串用"＋"号运算时,其结果相当于把两个字符串头尾连接起来,第二个字符串连接于第一个字符串的尾端。例如"Hello" ＋ "World"结果为"Hello World"。

❖ 一个为数值类型,另一个为字符串

在这种情况下,数值类型的操作数会被转化为字符串,然后再连接于另一个字符串上。例如25 ＋ "5"结果为字符串"255",因为此时数值25转化为字符串"25",相当于"25" ＋"5",因此两字符串连接结果为"255"。

2. 减法运算符

减法运算符(－)对字符串的行为不同于加法,减法运算符并不能对字符串作出"删减"的行为,因此减法运算符将优先把操作数转化为数值型再做减法运算。

❖ 两个操作数都为数值类型

当两个操作数都为数值类型时,减法运算即是数学上的相减,3 - 8 结果为 -5。

❖ 两个操作数都为字符串

当操作数都为字符串时,JavaScript 会自动调用 Number( )函数对字符串进行转换,转化为数值数据后再相加。如果不能被 Number( )函数转化成数值,运算结果则为 NaN,即非数值。

❖ 一个为数值类型,另一个为字符串

同理,首先把字符串转化成数值再作相减运算,如果转化不了,结果为 NaN。

除了作为双目运算符以外,减号(-)还可以用作取负数的作用,即作用于一个操作数并对操作数取反。例如 - (3 + 5)结果为 -8。

3. 乘法、除法和取模

运算符 * 、/和% 都是数学中的乘法、除法和取模运算,由于字符串都没有相应的定义,因此在运算时都是先把非数值的操作数转化为数值类型,再作出运算。

下面给出以上算法的例子,实现如代码清单 2 -6 所示。

代码清单 2 -6

```
console.log(5 + 3);                 //8
console.log("Hello " + "World!");   //Hello World!
console.log("100" + 50);            //10050
console.log("55" - "11");           //44
console.log("10" - "a");            //NaN
console.log(4 * 2);                 //8
console.log(4 / 0);                 //Infinity
console.log("11" % 3);              //2
console.log( -11 % 3);              // -2
```

可以看到表达式"10" - "a"中,由于字符"a"不能转化为数值,所以结果为 NaN。

表达式 4 / 0 中,在数学上是不允许的,因此当除以无限趋近于 0 的数,所以结果为无穷大 Infinity。

表达式 -11 % 3 的负数取模结果为 -2,读者可能会发现不同语言中的负数取模结果不相同,这跟内部的运算方法有关。

4. 自增和自减运算符

在编程过程当中最常用到的运算符应该就是自增(+ +)和自减(- -)运算符,这两个运算符有两个版本:前置和后置。两者都为一目运算符,前置位于操作数之前,而后置就位于操作数之后。

自增运算符使操作数增加1,而自减就使操作数减1,如下所示。

```
+ +num;              //相当于 num = num + 1;
– –num;              //相当于 num = num – 1
```

自增和自减运算符作用后都会返回值,但是前置和后置的返回值会有所不同。前置是先自增1后再返回当前的数值,而后置先返回当前数值再自增1。给出以下例子,实现如代码清单2-7所示。

代码清单 2-7

```
var num = 15;
console.log(num + +);        //15,先返回当前值15,再自增1
console.log(num);            //16,可见此时已经自增1
console.log( + +num);        //17,先自增1,再返回结果值
console.log(num);            //17,结果值
```

代码中未演示自减运算符,自减运算符与自增运算符同理。

因此在使用自增和自减运算符时要注意返回的值。自增自减运算符简洁,在编程中经常用于遍历数组和循环语句的运算中,学会合理调用前置和后置的运算符可以使代码简洁。给出以下带有自增运算符的表达式,实现如代码清单2-8所示。

代码清单 2-8

```
var num1 = 15, num2 = 5;
console.log(num1 + + +num2);        //20
console.log(num1);                  //16
console.log(num2);                  //5
num1 = 15;
num2 = 5;
console.log(num1 + + + num2);       //20
console.log(num1);                  //16
console.log(num2);                  //5
num1 = 15;
num2 = 5;
console.log(num1 + + +num2);        //21
console.log(num1);                  //15
console.log(num2);                  //6
```

上面的例子较为复杂,代码进行了 3 次基本相同的表达式运算,可是发现结果稍有不同。注意其中第一条表达式是两操作数之间用 3 个"+"连接;第二条表达式中,两个连续"+"连接于 num1 后,随后用空格隔开"+"并连上 num2;第三条表达式中,先用空格隔开"+"连接 num1,而后两个连续"+"接于 num2 前。

第一条表达式暂且不讨论。第二条表达式的输出结果为 20,而后 num1 为 16,num2 为 5,可见两个"+"号作为后置自增符作用于 num1。所以表达式相当于(num1 ++)+ num2,于是运算结果为先返回 num1 当前值 15,而后才自增 1,返回的 15 与 num2 相加得 20。

第三条表达式中,两个连续"+"作为前置自增运算符作用于 num2,表达式相当于 num1 +(++ num2),因此运算结果为 num2 自增 1 后再返回结果值 6,num1 和 6 相加得 21。

现在回头看第一条表达式的结果,可见不加空格的情况下,解析脚本代码时先遇到了两个连续的"+",所以解析为自增运算符,结果表达式相当于(num1 ++)+ num2,与第二条表达式相同,结果也一样。

在实际编程过程中,不建议第一种表达式的写法,这样容易导致错误或结果未知。可以尝试在容易混乱的表达式中加上圆括号()以明确想要的运算顺序,这样有利于提高代码的可读性。同时也建议操作数和运算符之间用空格隔开,这样使得代码清晰易读,而且可以避免上述第一种表达式情况的发生。

5. 赋值运算符

简单的赋值运算符由等于号(=)表示,它的作用是将一个数据赋值给一个变量。

```
var num = 100;
```

而在等于号(=)前添加算术运算符或位操作符时,就变成了复合赋值运算符。例如有:

num += 10;	等价于	num = num + 10;
num %= 10;	等价于	num = num % 10;
num *= 5 + 10;	等价于	num = num * (5 + 10);

其中需要注意的是上面第三条表达式,究竟是"*="赋值运算符先起作用还是"+"先起作用。通过查看运算符优先级,可以发现赋值运算符优先级倒数第二,因此是加法"+"先起作用,于是等价于上述右边的表达式。

以下列出所有复合赋值运算符:

```
*=      /=      %=      +=      -=
&=      |=      ^=      <<=     >>=     >>>=
```

2.4.6 关系运算符

1. 比较运算符

两个操作数的数值比较是通过比较运算符:小于(<)、大于(>)、小于等于(<=)和大于等于(>=)。当操作数中含有非数值的数据类型时比较行为也会有差异,下面侧重讨论数值类型和字符串类型的情况。

❖ 操作数都为数值类型

当操作数都为数值类型,比较运算符是以数值大小做比较,规则与数学上的一致,结果返回一个布尔值,true 或者是 false。

❖ 操作数都为字符串

当操作数都为字符串时,运算符则比较两个字符串对应的字符编码值。注意这里比较的是字符编码值,而并不是字母表顺序。虽然字符编码确实以字母表顺序排列,但是需要认识到大写字母的字符编码全部小于小写字母的字符编码,因此表达式"A" < "a"结果为 true。

在比较字符串时,如果第一个字母的字符编码值相等,那么比较操作将会往后比较,直到比较出结果或者字符串结束。例如

"student" < "study" 结果返回 true,因为前 4 个字母"stud"都相等,所以一直比较到"e"和"y","y"的字符编码较大,所以结果返回真。

还有另外一点需要注意的是,先看下面的例子

"23" < "3" 结果返回 true

如果你对此结果感到疑惑,那么请再次认真观察。这里比较的操作数都为字符串,尽管内容都是纯数值,但是并不会转化为数值再来比较,因此比较的依然是字符编码值。从第一个字符开始比较,由于字符"2"的字符编码要小于字符"3",因此结果返回真。

❖ 一个为数值,另一个为字符串

当操作数中有一个为数值类型时,另一个操作数先利用 Number( )函数转化为数值类型,然后再执行数值比较。因此现在有下面的例子

"23" < 3 结果返回 false

返回的结果为 false,因此这一次有操作数为数值类型,所以左边的字符串"23"将转化为数值 23,23 大于 3。再有下面的例子:

"a" < 3 结果返回 false

"a" >= 3 结果返回 false

因为要把字符"a"转化为数值,但是在前面提到"a"无法转化为数值,因此转化结果为 NaN,一个非数值 NaN 是无法与数值比较的,因此无论怎么比较,结果都是 false。下面

是比较运算符的例子,实现如代码清单 2 - 9。

代码清单　2 - 9

```
console. log(4.7 > 4);                    //true
console. log(070 > 69);                   //false
console. log(0xf > 13);                   //true
console. log("a" < "b");                  //true
console. log("a" < "A");                  //false
console. log("Hello" < "Hello World!");   //true
console. log("070" > 69);                 //true
console. log("0xa" > 9);                  //true
```

看到第二条表达式 070 > 69 返回结果为 false,因为遇到前导零时将判断为八进制,因此转化为十进制以后为 56,56 小于 69。后面的十六进制同理。现在再看到表达式 "070" > 69 结果返回 true,这里的"070"是字符串,所以先用 Number( )函数转化为数值类型,返回到前面的内容发现 Number( )会忽略前导零,不能转换字符形式的八进制,因此转化结果为 70,70 要大于 69。但是字符形式的十六进制则没有问题,所以"0xa" > 9 相当于 10 > 9。

表达式"Hello" < "Hello World!"返回结果为 true,可见前面的 5 个字符"Hello"都相同,但是左边的字符串先结束了,因此此时小于成立,返回 true。

2. 相等运算符

在 JavaScript 中有两种形式的相等运算符,一种是默认先转化数值再作比较,称为相等运算符;另一种则是仅比较而不作转换,称为全等运算符。

❖　相等(= =)和不相等(! =)

当比较的两个操作数数据类型相同时,运算符则可以不做转换直接比较。当其中一个操作数为数值类型,那么另一个操作数也要转换为数值类型后再作比较,所以字符串也会用 Number( )函数转化为数值类型。

❖　全等(= = =)和不全等(= = =)

在这个运算符下,不同类型的操作数不会自动转换(Number 类型的进制转换除外),而是直接比较。例如:

```
"0xa" = = 10;         //结果返回 true,字符形式的十六进制转换后相等
"0xa" = = = 10;       //结果返回 false,因为不允许类型转换,因此不相等
```

下面通过例子来观察它们的差异,实现如代码清单 2 - 10 所示。

代码清单　2 - 10

```
console. log(0xa = = 10);                 //true
```

```
console.log(0xa = = = 10);          //true
console.log("0xa" = = "10");        //false
console.log("0xa" = = 10);          //true
console.log("0xa" = = = 10);        //false
console.log(10 = = "10");           //true
console.log(10 = = = "10");         //false
```

因为在 Number 类型中进制转换不属于类型转换,因此表达式 0xa = = = 10 结果返回 true。

表达式"0xa" = = "10"中,因为操作数都为字符串形式,因此不会自动转换数值类型,因此比较的还是字符串的内容,明显两者不相等。

10 = = "10" 和 10 = = = "10" 的结果如上面所述,字符形式的十进制转换后相等,而后者因为不允许类型转换,因此不相等。

2.4.7 逻辑运算符

1. 逻辑非

逻辑非运算符由一个感叹号(!)表示,其作用是对一个布尔值取反。同样这个运算符可作用于 JavaScript 中的所有数据类型,其运算过程是:按照表 2-1 把数据类型转为对应的布尔值,然后再将结果取反。

2. 逻辑与

逻辑与运算符由符号(&&)表示,其运算规则如表 2-4 所示。

表 2-4 逻辑与规则

第一个位	第二个位	结果
false	false	false
false	true	false
true	false	false
true	true	true

逻辑与操作属于短路操作,即一旦可以确定结果后,后面的操作都不执行,而是直接返回结果,实现如代码清单 2-11 所示。

代码清单 2-11

```
var flag1 = 10, flag2 = 100;
true && (flag1 = 20);
```

```
false && (flag2 = 200);
console. log(flag1);          //20
console. log(flag2);          //100
```

执行表达式运算以后,可以看到只有 flag1 被赋予了新的值,flag2 没有改变。在第一条表达式中,因为第一个操作数是 true,所以要判断表达式的真假还需要判定第二个操作数的值,所以继续往下执行表达式 flag1 = 20,因此值改变了。

但是第二条表达式中,第一个操作数就是 false,所以无论操作数是什么都只能返回 false,因此逻辑与运算符"偷懒"了,即不判断第二个操作数直接返回结果 false,因此后面的赋值表达式并没有执行,而这样的行为就称为短路操作,同样后面的逻辑或(||)也为短路操作。

在 JavaScript 中,逻辑与的返回结果并不只是布尔值,还可能是对象,它遵守着以下的规则:

❖   如果第一个操作数是对象,则返回第二个操作数的值;

❖   如果第二个操作数是对象,则只有第一个操作数判断为 true 时才返回这个对象。

❖   如果两个操作数都为对象,则返回第二个对象。

与运算规则实现如代码清单 2 – 12 所示。

代码清单   2 – 12

```
console. log("string" && false);        //false
console. log("string" && true);         //true
console. log(true && 123456);           //123456
console. log(false && 123456);          //false
console. log("string1" && "string2");   // /"string2"
```

规则中的对象并不仅仅是指对象类型,在 JavaScript 中所有的事物都是对象,因此对字符串和数值类型也适用,如上面的例子所示。

3. 逻辑或

逻辑或运算符由两条竖线(||)表示,其运算规则如表 2 – 5 所示。

表 2 – 5   逻辑或规则

第一个位	第二个位	结果
false	false	false
false	true	true

续表

第一个位	第二个位	结果
true	false	true
true	true	true

逻辑或操作也属于短路操作,即一旦可以确定结果后,后面的操作都不执行,而是直接返回结果。当第一个操作数判断为 false 时,由于需要第二个操作数才能得到最终结果,所以会继续进行第二个操作数;如果第一个操作数判断为 true,那么无论第二个操作数是什么,结果都为 true,因此"偷懒"直接返回结果 true。

同样的,逻辑或的返回结果并不只是布尔值,还可能是对象,它遵守着以下的规则:

❖　如果第一个操作数是对象,则返回第一个操作数的值;

❖　如果第二个操作数是对象,则只有第一个操作数判断为 false 时才返回这个对象。

❖　如果两个操作数都为对象,则返回第一个对象。

逻辑或返回对象的特性在实际编程中用处非常大,可以利用这一行为避免赋值 null 或 undefined,或者是避免对空对象进行操作,实现如代码清单 2−13 所示。

代码清单　2−13

```
console. log( null || "string");          //string
console. log( undefined || "string");     //string
console. log( null || 10);                //10
var object = getObjectByFun() || otherObject;
```

最后一行就是最常使用的方式,通过一个函数取得对象,但是不知道是否能正确返回对象。如果返回 null 或者其他无意义的对象,那么逻辑或运算符继续进行,最终赋值 otherObject 备用的对象。

2.4.8　条件运算符

条件运算符是三目运算符,它由一个问号(?)和冒号(:)组成,形式如下。

```
var value = boolean_expression ? true_value : false_value;
```

它的作用是通过判断 boolean_expression 的真假来返回给定的其中一个值,如果 boolean_expression 返回 true,那么表达式返回 true_value;反之返回 false_value。当需要判断真假来为一个变量赋值的时候,条件运算符提供了非常大的方便。

如果要求出两个值中的较大值,可以这么做:

```
var max = value1 > value2 ? value1 : value2;
```

先判断两个值的相对大小,如果返回 true,证明 value1 较大,于是返回 value1;反之 value2 较大则返回 value2。这条表达式中,由于条件运算符的优先度要小于 > 运算符的,因此不写括号也不成问题,下面再来看一个例子:

```
var max = a > b ? (a > c ? a : c) : (b > c ? b : c);
```

上述代码意义是:首先对问号前的表达式求真假。如果 a 大于 b,那么进入问号后的第一条表达式中,可见表达式(a > c ? a : c)的意思就是求 a 和 c 中的较大值。如果 a 小于 b,那么进入问号的第二条表达式中,可见表达式(b > c ? b : c)的意思就是求 b 和 c 中的较大值。因此两条分支都是用 a 和 b 中的较大者再与 c 做大小比较,最终结果取到三者中的最大者。

2.4.9 位操作运算符

在内存中保存的数值都是以二进制码的形式来存储的,在 JavaScript 中对于有符号的整数,前 31 位用于表示整数的值,而第 32 位用于表示数值的符号,其中 0 表示整数,1 表示负数。因此一个正数的存储是将其转化为二进制以后再存储在 32 位中,例如十进制数 5 可以转化为二进制数 101,其中的相关数学知识可以查阅其他书目。因此十进制数 5 在内存中的存储二进制码为 00000000000000000000000000000101。

而负数的存储形式不一样,负数是用二进制补码来存储数值。补码即先求出数值绝对值的二进制码,再将二进制取反,即 0 替换为 1,1 替换为 0,最后把二进制反码加 1。得到补码。

以下是求负数 – 5 的二进制补码,先求数值 5 的二进制码

0000　0000　0000　0000　0000　0000　0000　0101

将二进制码取反,0 和 1 相互替换

1111　1111　1111　1111　1111　1111　1111　1010

在二进制反码基础上加 1,得到二进制补码

1111　1111　1111　1111　1111　1111　1111　1011

在理解了数值保存的二进制形式后,就可以利用位操作运算符直接对数值进行修改,要知道的是位操作运算相比于算术运算符要快得多。

1. 按位非

按位非运算符是用一条波浪线(~)表示,为单目运算符,使操作符的二进制码取反,实现如代码清单 2 – 14 所示。

代码清单 2−14

```
var num = 5;
console.log( num );          //5
console.log( ~num );          // −6
```

可见取反后输出结果为−6,现在来计算一下是否正确。

从上述讨论中可知数值5的反码为

1111　1111　1111　1111　1111　1111　1111　1010

如果把这个二进制码看作补码来求其对应的负数,那么利用补码步骤的相反操作来求其对应的数值。

首先将补码减去1变回反码

1111　1111　1111　1111　1111　1111　1111　1001

再将反码取反,即可得到数值对应的二进制码

0000　0000　0000　0000　0000　0000　0000　0110

通过换算可知,上述的二进制码就是十进制数6,因此结果所示的反码代表的数值为−6。

2. 按位与

按位与操作运算符由一个字符(&)表示,是一个双目操作符,它使得两个操作数每一个对应位取按位与(AND),按位与的规则如表2−6所示。

表2−6　按位与(AND)规则

第一个位	第二个位	结果
0	0	0
0	1	0
1	0	0
1	1	1

这里要提的一点是,按位与可用于一个数的取模。但是这个取模对数值规定为:取模数必须是2的次幂数才能够运算正确,即取模数要求为2、4、8、16……做法是,如果取模数为8,那么用"&7(即8−1)"可以达到同样的效果,至于其中的数学证明已经超出了本书范围。而为什么不直接取模,而非要在这么苛刻的条件下使用按位与取模?当然这不是硬性规定,只不过位操作速度快,在必要的时刻可以提供一种快速解决问题的方法。以下给出取模例子,实现如代码清单2−15所示。

代码清单 2－15

```
console. log(10 % 4);          //2
console. log(10 & 3);          //2
console. log(21 % 8);          //5
console. log(21 & 7);          //5
console. log(105 % 16);        //9
console. log(105 & 15);        //9
console. log(55 % 6);          //1
console. log(55 & 5);          //5
```

可见取模数为4、8、16等2的次幂时,运算结果都正确,而取模数为6时(不是2的次幂),运算结果就未必正确了。

3. 按位或

按位或运算符由一个竖线符号(|)表示,是一个双目运算符,它使得两个操作数每一个对应位取按位或(OR),按位或的规则如表2-7所示。

表2-7 按位或(OR)规则

第一个位	第二个位	结果
0	0	0
0	1	1
1	0	1
1	1	1

按位或也经常使用在取整的用途上,可以用0与一个浮点数值按位或,结果相当于去除小数,只保留整数数值。要注意这里的取整并不是四舍五入,而只是单单地去除小数,实现如代码清单2-16所示。

代码清单 2－16

```
console. log(1.125 | 0);             //1
console. log(1.9 | 0);               //1
var num1 = 1.125, num2 = 1.9;
console. log((num1 + 0.5) | 0);      //1
console. log((num2 + 0.5) | 0);      //2
```

无论小数是大于5还是小于5,一律去除不进位。如果希望能够有四舍五入的取整功能,那么在按位或之前先加上0.5,这样的技巧就起到了四舍五入的功能。

4. 按位异或

按位异或运算符由一个符号(^)表示,是一个双目运算符,它使得两个操作数每一个对应位取按位异或(XOR),按位或的规则如表2-8所示。

表2-8 按位异或(XOR)规则

第一个位	第二个位	结果
0	0	0
0	1	1
1	0	1
1	1	0

按位异或的规则是:当两个为相同时(都为0或都为1)返回0,当两个位不相同时(一个为1,另一个为0)返回1。

5. 左移和右移

左移操作符由两个小于号(<<)表示,是双目运算符,它使得位于左边的操作数的二进制码向左移动指定的位数,而左移后右边末端空出的位以0补齐。同样也有右移操作符(>>)和无符号右移操作符(>>>)。

例如将数值3左移2位,结果将是12,操作过程如下。

数值3的二进制码为11

向左移动2位后为1100

可见二进制码1100代表的数值为12。

右移操作符(>>),左移1位其实就相当于乘上一个2的次幂,右移1位相当于除以一个2的次幂。所以左移2位相当于乘以2的2次方。

右移操作符由两种形式,一个是有符号右移(>>);另一个是无符号右移(>>>)。还记得前面提到过,存储的32位中第32位是符号位,0表示正数,1表示负数。因此在右移的过程中,左边末端空出的位的补齐方式有别。

有符号右移(>>)则保留符号位,如果符号位为1,则右移后补齐的位也为1,如果符号位是0,补齐位也为0。

无符号右移(>>>)则不管符号位,一律以0来补齐末端的空位。因此在右移整数时,两者的行为一致,一旦右移负数时,两者得到的结果则有很大区别,实现如代码清单2-17所示。

代码清单 2-17

```
console. log(6 >> 1);        //3
console. log(6 >> > 1);      //3
console. log( -6 >> 1);      // -3
```

```
console. log( -6 > > > 1);        //2147483645
```

可见正数右移 1 位没有区别,都相当于除以一个 2 的次幂(此例为 2 的 1 次方)。

有符号右移作用于负数时,由于保留了符号位,所以补齐 1 以后,结果还是相当于除以个 2 的次幂。但是无符号右移用 0 补齐末端,因此符号位变为 0,剩下的二进制代码可以算出来结果,读者可以自己验算一下。

2.4.10　其他运算符

1. 逗号运算符

逗号运算符用逗号(,)表示,它的作用是让逗号两边的表达式按顺序进行,见下面的定义和赋值例子。

```
var num1 = 123, num2 = 456, num3;
```

在上述的定义变量中,用逗号隔开了不同的变量,使得一个 var 关键字中可定义多个变量并赋不同的值。

逗号运算符也有返回结果,它的返回值是逗号运算符中最后的那条表达式的值,见下面的例子。

```
var num = (1, "string", true, 123);        //num 最终结果为 123
```

2. 成员选择运算符

成员选择运算符用一点(.)表示,其作用是获取对象的属性和方法。比如在 Object 类型一节中看到过的,如果有一个对象 people,其中有 name 属性、age 属性等,通过“对象实例 + ‘.’ + 属性名”获取相应属性的值,如以下例子。

```
people. name = "XiaoMing"
people. age = 18;
```

3. 下标运算符

下标运算符用一对中括号 [ ] 表示,用于获取数组元素或者是对象中的属性,如以下例子。

```
array[5] = .....;
people["name"] = ......;
```

4. 函数调用运算符

函数调用运算符用一对小括号 ( ) 表示,用于调用指定函数,如以下例子。

```
sayHello();
```

5. new 和 delete

new 运算符用于创建一个对象的实例,delete 用于删除一个数组元素或者是一个对象的属性,如下例子。

```
var people = new People();
delete array[3];
delete people["name"];
```

6. typeof 运算符

typeof 运算符用于返回一个操作数的类型,实现如代码清单2-18所示。

代码清单　2-18

```
console.log(typeof 123);                //number
console.log(typeof "Hello");            //string
console.log(typeof true);               //boolean
console.log(typeof undefined);          //undefined
console.log(typeof null);               //object
var o = new Object();
console.log(typeof o);                  //object
var func = function(){};
console.log(typeof func);               //function
```

可见返回的类型与之前介绍到的数据类型有细微差别,其中注意到 null 值的类型是 object,并不是 null。在逻辑的角度上考虑,null 表示一个空对象的指针,所以 null 的类型返回 object 似乎也是符合逻辑。

最后的表达式中定义了一个函数,用 typeof 运算符时指出了这个变量是一个 function 函数,有关函数的知识将在第4章中讲述。

7. instanceof 运算符

instanceof 运算符的用途是检测一个对象是不是某个类型的实例,并且返回布尔值。而且 instanceof 还能够通过原型链搜寻到上层之中,检测一个对象是否继承于某个类型。有关原型链和继承的知识将在第6章中讲述,instanceof 运算符的实现例子如代码清单2-19所示。

代码清单　2-19

```
var People = function () {};
var Student = function () {};
Student.prototype = new People();
var people = new People();
console.log(people instanceof Object);      //true
console.log(people instanceof People);      //true
console.log(people instanceof Student);     //false
var student = new Student();
```

```
console. log( student instanceof Object) ;          //true
console. log( student instanceof People) ;          //true
console. log( student instanceof Student) ;         //true
```

先定义一个 People 类型,并且定义 Student 通过原型链方式继承与 People 父对象。下面分别创建一个 People 类的实例 people 和 Student 类的实例 student(注意统一使用大写字母开头的名字作为构造函数名,小写字母开头为变量),并对它们使用 instanceof 操作符,输出结果如上所示。

由于所有自定义的对象都默认继承于 Object 类型,因此都返回 true 值。

people 检测 Student 类的时候返回 false,这个也很容易理解:Student 的对象可以有 People 的方法,但是 People 的对象不一定有 Student 的方法,所以 people 不属于 Student 类。

最后 student 都能够检测到 Object 和 People 都是它的父对象,因此都返回 true。

可以利用这个 instanceof 操作符来检测一个对象是不是某个类型或继承于某个父对象的实例。

2.5   小结

本章详细讲述了 JavaScript 中的编程规范和基本语法,以下是有关的编程规范。

❖   支持单行注释和多行注释。

❖   命名区分大小写,字符有规定限制,并且不能使用关键字作为变量名。

❖   变量是弱类型,即声明一个变量无须指定变量存储的类型。

❖   变量的作用域,函数内的变量不能被外部访问,并且在 JavaScript 中没有括号作用域。

JavaScript 中有 5 种基本数据类型,分别是 Undefined 类型、Null 类型、Number 类型、Boolean 类型和 String 类型,另外还有引用类型 Object 类型。类型之间可以相互转化,但是要遵守着一定的转化规则。

JavaScript 中的运算符可分为有单目运算符(只有 1 个操作数)、双目元算符(2 个操作数)和三目运算符(3 个操作数)。除此以外,运算符还有优先级和结合性之分,优先级决定了运算符执行的先后顺序,结合性决定了运算符两边的表达式的执行顺序。具体规则可以参照表 2 - 3。如果要改变运算法的执行顺序,可以适当加上括号( )以改变运算的顺序。

运算符除了可以作用于数值类型以外,还能够作用与其他类型,其中的运算符行为也会按照所作用的具体类型而有所不同。当作用于两个不同类型的时候,即把类型进行转化后再运算。

2.6　习题

1. Javascript 中可以用哪两种方法注释?

2. 以下那个选项的变量名不合法?

A. _name

B. $ age

C. 123abc

D. Student

3. 以下哪种类型不是 Javascript 基本数据类型?

A. Null

B. Number

C. Object

D. Undefined

4. 以下哪个常量数值最大?

A. 45

B. 0x32

C. 058

D. 061

5. 下列算符中哪个运算符的优先级最高?

A. < <

B. ! =

C. +

D. %

6. 表达式 6 + 5 * 4/2 的结果是 _____。

7. 若 x = 5,运行表达式 x + = 3 + 5 后 x 的值是 _____。

8. 二进制 0101 与二进制 1100 的按位与(&)的二进制结果是 _____。

9. 表达式 3 < < 2 的结果是 _____。

10. 表达式(7 > = 7)&&(5 ! = 2)的结果是 _____。

第3章 基本流程控制

JavaScript 中规定了一组语句来控制程序的运行流程,其中包括选择结构语句和循环结构语句。选择结构语句又包括 if 语句和 switch 语句;循环结构语句又包括 while 语句、do - while 语句和 for 语句。每条语句都对应着不同的执行流程,其中有些语句还可以相互替换使用。

3.1 if 语句

1. if - else 语句

if 语句利用判定条件来控制程序执行的方向,从而控制程序流程,其控制流程图如图 3 - 1 所示。

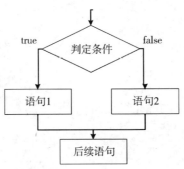

图 3 - 1 if 语句流程图

其中语法如下。

if (condition) statement1 else statement2

其中 condition 为判定条件,可以是任意表达式,最终结果将会自动转化为布尔值,其转换规则按照第 2 章中表 2 - 1 所示。如果判定条件为 true,那么执行 statement1(语句1),否则若判定条件为 false,执行 statement2(语句 2)。注意的是 statement 语句可以为单独一行代码,也可为用大括号括起来的多行代码。

下面给出简单例子,利用 if - else 语句来筛选两值中的较大值,实现如代码清单 3 - 1

所示。

代码清单　3－1

```
var a = 3, b = 5, max;
if (a > b)
    max = a;
else
    max = b;
console.log(max);           //5
```

可见输出结果为 5。在 if－else 语句中,要么执行第一条语句,要么执行第二条,不可能同时执行或者两条都不执行。

在 if 语句中可以继续使用 if 语句,而这样做达到的目的效果就是多重分支结构,其语法形式如下。

```
if (condition1)    statement1
else if (condition1)    statement2
else if (condition1)    statement3
else if (condition1)    statement4
else if (condition1)    statement5
else    statement6
```

利用多重分支结构来检测一个数值的范围,实现如代码清单 3－2 所示。

代码清单　3－2

```
var a = 250;
if (a > 300)
    console.log("a 大于 300");
else if (a > 200)
    console.log("a 大于 200,小于 300");        //输出"a 大于 200,小于 300"
else if (a > 100)
    console.log("a 大于 100,小于 300");
else
    console.log("a 小于 100");
```

利用这个多重 if－else 分支语句,可以根据一个具体条件做出大于 2 种的不同行为。不过在后面会提到 switch 语句,其功能与多重 if－else 分支语句类似,但是 switch 语句代码清晰,所以需要利用到多重分支的时候,应该优先使用 switch 语句。

2. if 与 else 的配对关系

如果在分支语句中嵌套使用 if 语句,那么对于初次接触 if – else 语句的读者来说容易被它们之间的配对关系迷惑。

需要注意的是:else 总是与它上面的最近的未形成配对的 if 配对。下面通过一个例子来讲述它们的配对关系,实现如代码清单 3 – 3 所示。

代码清单　3 – 3

```
var x = 5;
if (x > 10)
    if (x > 20)
        console. log("x 大于 20");
else
    console. log("x 小于 10");
```

上面的代码中,结果会输出哪条控制台消息呢? 实际是两条都没有输出。在第一条 if 语句中,条件为 false,所以不应该执行 else 中语句吗?

这是非常多初学者会犯的一个错误,要记住:else 总是与它上面的最近的未配对的 if 配对。因此在上面的代码中,else 实际上跟第二条 if 配对了,所以该程序的流程图如图 3 – 2 所示。

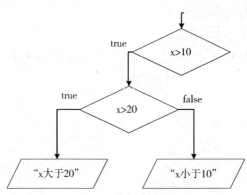

图 3 – 2　实际流程图

尽管上面的 else 错位成与第一条 if 相同的头位置,但是代码解析时只遵守内在的规则,而代码对齐的目的只是为了增加代码可读性,正确改写的代码如代码清单 3 – 4 所示。

代码清单　3 – 4

```
var x = 5;
if (x > 10) {
    if (x > 20)
```

```
        console. log("x 大于 20");
    }
else
        console. log("x 小于 10");              //输出 x 小于 10
```

用大括号把第二条 if 括起来,解析时把括号里面的当成一条语句,把第二条 if 和 else 的配对关系断开了,因此 else 成功与第一条 if 配对。

通过例子可以了解到,else 遵循"就近"原则,总是与上一个未配对的 if 配对起来,如果想要断开配对,用大括号把希望执行的语句括起来即可。

3. 没有 else 部分的 if 语句

从上面的例子中也可以知道,if 语句可以没有 else 部分,此时只会执行条件为 true 的语句,若条件为 false,则什么都不做。这种做法经常用于对某些特定条件添加行为,例如在得到一个数之后,希望这个数总是不大于一个最大值。若大于,则赋值为最大值,否则什么也不做,实现例子如代码清单 3-5 所示。

代码清单　3-5

```
var x = 10 > 5 ? 10 : 5;
if (x > 7)
        x = 7;
console. log(x);              //7
```

上面的例子实际上是没有意义,但是在实际编程中,可能会通过一个函数得到一个数值,不知道数值的确实大小,所以这时候就可以利用 if 语句来进行判定并作出修改行为。

4. 语句组

if 语句中只会执行分支中的一行语句,那么当在分支中需要执行多条语句时,就需要用大括号{}把需要执行的所有语句都括起来,这样做就是让括号中的所有语句在语法上看作为一条语句,即语句组。没有被括号包围的语句都当作为后续语句。给出下面的例子来观察输出信息,实现代码如代码清单 3-6 所示。

代码清单　3-6

```
if (false)                              //没有括号括住
        console. log("语句 1");
        console. log("语句 2");              //输出"语句 2"
        console. log("语句 3");              //输出"语句 3"
```

以上代码中会输出后面两条语句。因为 if 语句之后并没有用大括号把三条语句括住,所以即使 if 语句判断不会通过,也只有第一条语句不执行,其余两条语句作为后续语句正常执行。

尽管在需要执行多条语句时才需要添加大括号,但是在编程过程中建议始终都使用括号把分支语句括起来,因为这样有助于理解代码,防止因漏掉括号而导致执行结果不正确,提高代码可读性。

3.2　switch 语句

在需要执行多重分支行为的时候,往往会适用 switch 语句。虽然从效果上来说使用多重 if – else 语句和 switch 语句是一致的,但是 switch 语句更能表达编程人员的意思,表明代码的作用是用于对某个条件作出多重分支行为。

其中语法如下。

```
switch (expression) {
    case value1 : statement1
        break;
    case value2 : statement2
        break;
    case value3 : statement3
        break;
    default : statement4
}
```

其中作为判断的不再是 condition(条件),而是一条 expression(表达式),后面 case 的含义,是指如果 expression 的值等于相应的 value 值,那么便会执行 case 后的语句。而关键字 default 则用于在表达式的值跟所有 case 都不匹配时,则执行 default 后的语句。

还可以看到新的关键字 break,它的作用是相当于跳出当前的 switch 语句,接着执行之后的后续语句。如果省略掉 break 关键字,那么执行完当前 case 的语句后,还会继续往下执行其他 case 的语句,直到遇到 break 关键字或 switch 语句结束。初学者经常会忘记添加 break 语句,所以要注意一下。

给出下面 switch 基本用法的例子,实现如代码清单 3 – 7 所示。

代码清单　3 – 7

```
var num = 5;
switch (num) {
    case 3 :
```

```
        console.log("数值为3");
            break;
    case 4 :
        console.log("数值为4");
            break;
    case 5 :
        console.log("数值为5");              //输出"数值为5"
            break;
    default :
        console.log("其他数");
}
```

switch 将判断 num 的数值,检查到 5 以后跳转到 case 5 的语句中并执行其中的语句。遇到 break 关键字后便跳出 switch 语句,不再执行其他的分支语句。

在 switch 语句中加入 break 语句可以避免同时执行多条 case 中的语句,但是假如需要把几种不同 case 情况作统一处理,那么可以有意识地省略掉 break 关键字,使不同 case 都执行相同部分的语句。

但是在这么做的同时最好添加好相应注释,好让其他的代码阅读者知道你的意图,也为自己日后维护代码提供了方便。

下面省略 break 的例子经常用于检查键盘哪个键被按了,实现如代码清单 3 - 8 所示。

代码清单　3 - 8

```
var key = 'a';
switch (key) {
    case 'a' : case 'A' :
        console.log("按下 a 键");
            break;
    case 'b' : case 'B' :
        console.log("按下 c 键");
            break;
    case 'c' : case 'C' :
        console.log("按下 C 键");
            break;
    default :
        console.log("按下其他键");
}
```

利用switch语句检查按下的键key,其中对应大小写字母的case之间不添加break,因此无论哪种状态被按下,都将跳到对应的case中并执行相应的语句。

跟C语言不同,switch中可以使用任何数据类型,所以除了数值类型和单个字符以外,还可以用一个字符串来判别,看以下例子,实现如代码清单3-9所示。

代码清单　3-9

```javascript
var str = 'hello';
switch (str) {
    case 'Hello' :
        console.log("大写你好");
        break;
    case 'hello' :
        console.log("你好");   //输出"你好"
        break;
    case 'world' :
        console.log("世界");
        break;
    default :
        console.log("其他");
}
```

上面是用字符串作为判定表达式,可以看到case中有两个"hello",不过其中有一个首字母的大写的H,结果输出表明跳转到了小写h的"hello"分支上。原因是字符串区分大小写。

而且在JavaScript中,更有特色的是:case的对应值不仅可以是常量和变量,还可以是表达式。在判别时先计算出表达式的值,再检测是否对应。有了这个特性,在JavaScript中可以有以下"奇怪"的操作,实现代码如代码清单3-10所示。

代码清单　3-10

```javascript
var num = 250;
switch (true) {
    case num < 200 :
        console.log("num 小于200");
        break;
    case num > = 200 && num < 300 :
        console.log("num 大于200, 小于300");   //输出"num 大于200, 小于300"
        break;
```

```
default :
    console.log("其他");
}
```

上面的例子给 switch 传达一个布尔常量 true,这时候 case 中的表达式就会按顺序求值,直到匹配到符合的 case 并执行相应的语句。

相比起上述例子的这种用法,编者认为使用 if 语句会更加清晰易读,当然具体使用哪种语句取决于读者的喜好。

3.3   while 语句

while 循环语句用于对某一条件进行判定,当符合条件时就重复执行循环体内的语句,直到条件不再符合。其流程图如图 3 – 3 所示。

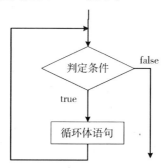

图 3 – 3   while 语句流程图

while 语句的语法如下:

```
while (expression) statement
```

其中 expression 可以为任意表达式,最终会转化为布尔值再作判定。如果判定结果为 true,那么将会执行循环体中的语句,执行结束后再次判定条件,这里的循环体指的是一条语句或者用大括号括起来的多行语句。如果结果为 false,则跳出循环,执行后续语句。

下面的例子是计算式子 $1 + 2 + 3 + \cdots + 100$ 的结果,利用 while 循环语句计算,实现如代码清单 3 – 11 所示。

代码清单   3 – 11

```
var i = 1, sum = 0;
while (i < = 100) {
```

```
        sum += i;
        ++i;
}
console. log( i ) ;            //101
console. log( sum ) ;         //5050
```

先定义 i 为 1,结果为 0,然后开始进入循环语句中。先判断 i 是否小于 100,判定结果为 true,所以进入循环体中执行其中的语句。运算符 + = 是复合赋值运算符,表达意思即为 sum = sum + i,运算符 + + 是自增运算符,表达意思为 i = i + 1,如果对此还不熟悉的请翻回到第 2 章复习一下。

第二次循环式,i 的值为 2,因此判定条件为 true,继续执行循环体中的语句,sum 的值为 1 + 2 + 3 + …一直执行到 i 为 101 的时候,101 < 100 不成立,因此退出循环。在结束循环后输出 i 和 sum 的值,即可得出 sum 的结果值。

3.4 do-while 语句

do – while 语句也是用于循环执行,它和 while 语句的差别在于 do – while 是先执行一次循环体中的语句,再判定条件。其流程图如 3 – 4 所示。

其中语法如下。

do statement while (expression)

从图 3 – 4 流程图中可以看出,do – while 语句至少会执行循环体中的语句一次。即使判定条件始终为 false,也是先执行一次再判定,而后退出循环。

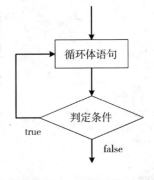

图 3 – 4 do – while 语句流程图

下面以 do – while 语句来求 1 + 2 + 3 + … + 100 的结果,实现如代码清单 3 – 12 所示。

代码清单 3 – 12

```
var i = 1, sum = 0;
do {
        sum += i;
        i + +;
} while (i < = 100);
console. log( i )              //101
console. log( sum )           //5050
```

可见循环体语句一样,需要注意的地方 while 语句先判定再执行,do – while 语句先执行再判定。

3.5 for 语句

与上面提到的两条循环语句相比,for 语句表现得更加灵活,其功能完全可以替换掉 while 语句。

其中语法如下。

for (expression1; expression2; expression3) statement

注意在 for 语句中,隔开表达式的是分号(;),并不是逗号(,)。若表达式中存在逗号,那么将解析为逗号运算符。

for 语句的执行过程如下。

1)先求解 expression1 的值。

2)求解 expression2 的值,将其转化为布尔值以后判定,如果为 true,则执行循环体的语句,之后执行第 3)步。如果为 false,则跳出循环。

3)执行完循环体以后,求解 expression3 的值。

4)回到上面第 2)步循环执行。

其流程图如图 3 – 5 所示。

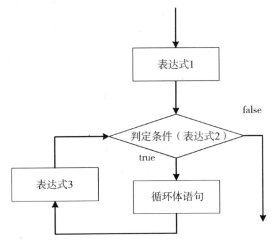

图 3 – 5 for 语句流程图

for 语句最简单的应用形式如下:

for (循环变量赋值;判定条件;循环变量增值) 循环体

下面再次使用 for 语句来计算算式 $1 + 2 + 3 + \cdots + 100$ 的结果,实现如代码清单 3 - 13 所示。

代码清单　3 - 13

```
var sum = 0;
for (var i = 1; i < = 100; i + +) {
    sum + = i;
}
console. log(i);           //101
console. log(sum);         //5050
```

把用于自增的 i 放在了 for 语句中定义,并且在 for 的表达式 3 中自增 1。而循环语句因此变得整洁清晰,循环体中只有一行语句即可达到同样的效果。

另外,在 for 语句中的表达式都是可以忽略的,因此 for 完全可以代替 while 语句,实现如代码清单 3 - 14 所示。

代码清单　3 - 14

```
var i = 1, sum = 0;
for ( ; i < = 100; ) {
    sum + = i;
    i + +
}
console. log(i);           //101
console. log(sum);         //5050
```

但是 for 却不能完全替换 do - while,因为 for 语句也是先判定再执行循环体中的语句。

如果把 for 语句中的判定表达式也省略掉,如下。

```
for ( ; ; ) {
    //do something
}
```

那么这时候 for 将进行无限循环,终止程序(浏览器)运行就必须用任务管理器来结束了。

3.6　for-in 语句

for - in 语句用于遍历一个对象或者数组中的所有属性,一直执行到对象中的所有属性都遍历完。在一个对象中，for – in 遍历的是这个对象中的所有属性，包括方法。若对象是一个数组，那么遍历的便是数组中的下标，数组的属性就是下标。

其语法如下。

for (property in object) statement

其中 property 是一个变量，在遍历过程中会将对象属性名字的字符串返回到 property 变量，借此可以知道是哪个属性并获得它的值或对它进行操作。

下面定义一个对象，并且输出该对象的属性和对应的值，实现如代码清单 3 – 15 所示。

代码清单　3 – 15

```
var people  = new Object( );
people. name  = "XiaoMing";
people. age  = 18;
people. weight  = 60;
people. height  = 170;
for (var prop in people) {
    console. log( prop  + " =" + people[ prop] );
}
//输出结果：
//name = XiaoMing
//age = 18
//weight = 60
//height = 170
```

例子中用 for – in 遍历 people 对象实例，对象实例添加了 4 个属性。在遍历中用局部变量 prop 保存对象的属性，在循环体中输出属性名字，用" + "运算符连接对象属性、" = "和对象属性的值，可以看到输出结果。

注意例子用到了运算符[ ]来获取对象属性的值。

可以看到定义的属性先后被遍历并且显示出来，但是实际上属性被遍历的先后顺序是不可预测的，可能会因为浏览器不同而不同。

3.7　break 和 continue 语句

在前面的 switch 语句中已经介绍了 break，它的作用相当于跳出 switch 语句，继续执行后续的语句。实际上除此以外，break 还能够用于循环语句中，另外还有一个 continue 也能用在循环语句中。

当在循环体中遇到 break 语句时，程序会立即结束"整个"循环，即跳出循环体执行后续语句。而当遇到 continue 语句时，程序立即结束"当前"循环，即不执行循环体中剩下的语句，而是开始下一个循环。

下面来看看它们的例子，首先是 break 语句，实现如代码清单3－16所示。

代码清单　3－16

```
var i;
for (i = 1; i < = 10; i + +) {
    if (i = = 5) {
        break;
    }
        console. log(i);
}
console. log("i = " + i);
//输出结果:
//1
//2
//3
//4
//i = 5
```

上面的例子中，利用 if 语句进行判断，当 i 为 5 的时候，就执行 break 语句，结束整个循环。可以看到输出结果，5 以前都是顺利执行并输出 i 的数值。直到 i 自增到 5 时，并没有继续执行循环，而是跳出了循环，执行后续的语句 console. log("i = " + i)。可见循环结束时 i 的值为 5。可见遇到 break 时整个循环就结束了，下面把 break 替换成 continue 语句来看看效果，实现如代码清单3－17所示。

代码清单　3－17

```
var i;
for (i = 1; i < = 10; i + +) {
    if (i = = 5) {
        continue;
    }
    console. log(i);
}
```

```
console.log("i = " + i);
//输出结果:
//1
//2
//3
//4
//6
//......
//10
//i = 11
```

当 i 为 5 的时候,就执行 continue 语句,结束当前循环。因此输出结果中并没有 5 输出,而后是正常地从 6 一直输出到 10,并且最后 i 的值为 11。通过这两个例子可以看到 break 和 continue 语句的差别。

3.8　小结

本章中介绍了 JavaScript 中用于流程控制的不同语句。其中用于选择结构语句有 if 语句和 switch 语句,if 语句还可以紧跟 else 语句来进行分支。以下是它们的一些特点:

❖　if 语句只执行其后的一条语句,所以需要用括号把多条执行语句包括起来。

❖　if 语句其后可以带有 else 语句,指向不满足条件时的执行行为。else 满足就近原则,意味着只与之前最近的一条 if 语句匹配。

❖　if 语句可以内嵌多条 if 语句,形成一个多重分支结构。不过 switch 语句就是为了多重分支结构而设的。

❖　switch 语句的每条 case 子语句后要有 break 语句,否则会一直执行下去。如果没有适配的 case 语句,则会执行 default 语句。

另外还有 3 条语句用于循环结构,分别是 while 语句、do - while 语句和 for 语句,以下是它们的一些特点:

❖　while、do - while 和 for 语句都可以用于循环,其中 while 和 for 语句一般可以相互替换,但是 do - while 则不可以,因为 do - while 语句至少会执行一次循环体中的语句。

❖　还有 for - in 语句,可以用于遍历一个数组中的所有元素或对象中的所有属性。

❖　循环语句中使用 break 语句和 continue 语句进行流程控制。其中 break 语句会退出循环语句往下执行,continue 语句则用于结束当前循环而继续下一次的循环。

3.9 习题

1. 以下哪个判断条件是错误的?

A. if(x > 5)

B. if(x&&y)

C. if(3! = 5)

D. if(x = 3)

2. 以下有关 switch 语句的有关说法是错误的?

A. case 子语句中可以省略掉 break 语句。

B. default 子语句不可以省略。

C. case 的对应值可以是常量和变量。

D. switch 语句可以用 if – else 语句替换。

3. 语句"var i = 0; while(i < 100) i + + ;"中,循环语句运行多少次?

A. 98   B. 99   C. 100   D. 101

4. 语句"var i = 10; do{ i + + ;} while(i < 5);"中,循环语句将运行多少次?

A. 1   B. 5   C. 10   D. 0

5. 语句"for(var i = 0; i < 5; i + = 2)"中,循环语句结束后, i 的值是多少?

A. 4   B. 5   C. 6   D. 7

6. 下面关于 break 和 continue 语句的说法中,错误的是_____。

A. 当 break 语句作用于 if 语句时,表示退出 if 语句。

B. 当 continue 语句作用于循环语句时,表示退出当前循环,进入下一次循环中。

C. continue 不能作用于 switch 语句。

D. break 语句可以出现在 switch 语句的 default 子语句中。

7. 编写程序,计算 1 + 3 + 5 + … + 99 的结果。

8. 编写程序,计算 9! 的结果,即 9 × 8 × 7 × … × 3 × 2 × 1。

第4章 函 数

本章开始讲述 JavaScript 中函数及其使用方法,包括一个函数的声明定义、调用方式,以及函数中的参数声明和调用返回值。JavaScript 中的函数可以接收任意个参数,提供了一个 arguments 对象来获取多个参数,并且也讲述了重载函数的模拟方法和递归函数的一些概念。

4.1 什么是函数

函数可以说是一系列行为的集合体,它的作用就是把固定的一些行为放到一个模块中,可以在任何地方任何时候调用。通常来说把一些重复的操作放在一个函数当中,那么只需编写一次代码,便可以重复利用这段代码,函数可以放在程序的不同地方。定义函数的好处在于降低程序复杂度,把一项复杂的操作分解成许多小操作,通过调用函数完成,使代码清晰,提高可读性。

下面把求最大值的操作放在一个函数中,于是当需要对不同的数值进行求最大值的行为时,都可方便调用这个函数,降低了代码冗余度,实现如代码清单4-1所示。

代码清单 4-1

```javascript
function max(a, b, c) {
    var temp = a;
    if (temp < b) temp = b;
    if (temp < c) temp = c;
    return temp ;
}
console. log( max(1, 2, 4) );          //4
console. log( max(5.2, 7.8, 4.1) );    //7.8
console. log( max('a', 'b', 'c') );    //c
```

例子中定义了一个函数 max,函数中的操作是设置一个临时变量保存其中一个值,并与其他两个值比较,较小时则赋值为较大的那个值,从而通过两次比较后即可确定此时变量的 3 个值之中的最大值。

把上述的一系列行为都放在了函数中,每当使用时只要向函数传入 3 个值,即可以得出其中的最大值。可以看到例子中的代码非常清晰,配合良好的命名习惯,阅读者只要看到函数名字便知道此处的操作行为。

对于使用者来说,函数有两种类型:

一是 JavaScript 中定义好的函数,从前面的章节中可以看到有函数 isFinite、isNaN、parseInt 等。这些函数不需要自己去定义,直接调用即可。当然代码清单 4 - 1 中求最大值的函数 max 也已经有 JavaScript 定义好的版本 Math. max( )。

二是开发人员根据需要,自己定义的函数。

4.2 函数定义

在 JavaScript 定义一个函数需要用到关键字 function,并且在其后跟一个函数名和一组参数列表,语法如下。

```
function funName( arg0, arg1, ......, argN) {
    statement
}
```

其中 funName 代表定义的这个函数的名字,当需要调用这个函数的时候,就是利用这个名字来指明调用的是这个函数。其后在括号( )中的是传给这个函数的参数,根据传进来的参数不同,函数得出的结果也可能不同。而函数体 statement 就用一大括号括起来,里面的所有语句都属于这个函数。

参数列表和函数体都不是必须的,因此可以这样定义一个函数

```
function sayHello( ) { }
```

此处定义了一个名为 sayHello 的函数,并且参数列表和函数体都是空的。当调用函数时,什么工作也不做,这样定义是允许的。一般这样做的目的是在编程当中,先定义一个空的函数,以后有扩充工作的时候再回来修改这个空函数。

更一般的情况是定义一个带参数的函数,如下所示。

```
function sayHello( name) {
    console. log("你好,我叫" + name);
}
```

在参数列表中指定了一个参数 name,通常把在定义函数时指定的这个参数称为形式参数,简称形参。形参主要用于保存传进来的参数的值,并在函数体内使用。因此即使

函数体一样,函数的输出结果会根据传进不同的参数而有差异。

函数定义中的形参可以有多个,其中每个形参都会按照传进参数的顺序将各个实参保存下来,以供函数体中使用,如代码清单 4 – 1 中的 max 函数就有 3 个参数。

在 JavaScript 中,一切事物都是对象,函数也不除外,因此除了上面这种定义方法,还可以利用定义函数对象的方法来定义一个函数,以下是语法

```
var funName = function ( arg0, arg1, ......, argN) {
    statement
}
```

就像定义一个变量一样,声明一个变量并且使这个变量指向一个函数对象,因此这个变量就代表了这个函数,函数的调用方法一致。

因此可以利用这种方法定义 sayHello 函数

```
var sayHello = function ( name) {
    console. log(" 你好, 我叫" + name);
}
```

从这个方法可以看出 JavaScript 中一切都是对象的说法,况且不论哪一种定义方法,函数名(保存函数对象引用的变量)都可以作为一个参数值再次传进到另一个函数中,因此在 JavaScript 中会衍生出多种非常灵活的调用行为。

4.3 函数参数

4.3.1 形参和实参

在调用函数时,可以给函数传递一些数据,称这些数据为参数。参数分为两种,分别是形式参数和实际参数。上一节中已经提到过什么叫形式参数:就是在函数定义中,用来保存和表示传进来的参数的变量就称为形式参数;而实际参数其实就是指调用函数时实际传进函数的数据,这些就称为实际参数。下面来举例说明。

定义一个函数

```
function sayHello( name) {
    console. log(" 你好, 我叫" + name);
}
```

上面这个函数定义中,用 name 来保存传进来的参数,因此把 name 称作形式参数。

当调用这个函数时

```
var str = "XiaoMing";
sayHello( str) :
```

声明一个变量 str 并赋值为"XiaoMing",并且作为参数传进 sayHello 函数中,因此此时 str 为这个函数的实际参数。

因此可以说形式参数保存了实际参数的值(或引用),并在函数体中使用。

4.3.2 形参和实参数目

现在知道了函数体中的形参逐一保存实参的值,并且在函数体中使用。但是如果所设置的形参和实际传进去的实参数目不一致,会导致什么的结果呢? 下面分别来测试一下。

1. 形参数少于实参数

形参数少于实参数,实现如代码清单 4 - 2 所示。

代码清单　4 -2

```
function test( arg0, arg1) {
    console. log( arg0) ;
    console. log( arg1) ;
}
test( 100, 200, 300) ;
//输出结果:
//100
//200
```

对于形参数少于实参数的情况,由于一个形参只能保存一个传进来的数据,因此多余的实参将没有形参保存,因此在函数体中无法由形参取得多出的一个实参数据。在这种情况下,在一些智能的 IDE 下会有错误提示,以便告诉编程人员形参数和实参数数目不同。

2. 形参数多于实参数

形参数多于实参数,实现如代码清单 4 - 3 所示。

代码清单　4 -3

```
function test( arg0, arg1, arg2) {
    console. log( arg0) ;
    console. log( arg1) ;
    console. log( arg2) ;
```

```
}
test(100, 200);
//输出结果:
//100
//200
//undefined
```

可见传进去的实参少于形参时,那么多出来的形参就像是被定义却没有初始化的变量一样,它的值为 undefined。如果在函数体中利用这个 undefined 值的形参进行了操作,那么结果是未知的,有可能得到错误结果,有可能程序崩溃。而且在这种情况下,有可能 IDE 不会有错误提示,所以在调用函数时要明确参数个数是否正确,参数是否可以忽略等情况。

这里再稍微提一下,如果希望设计一个参数可以忽略,或参数有默认值的函数,可以利用学到过的逻辑或运算符(||),因为逻辑或运算符还可以返回一个对象,具体的规则可以翻回第 2 章,实现如代码清单 4-4 所示。

代码清单 4-4

```
function test(arg0, arg1) {
    arg0 = arg0 || 10;
    if (arg1 = = = undefined) arg1 = 20;
    console.log(arg0);
    console.log(arg1);
}
test();          //输出结果 10    20
test(0, 0);      //输出结果 10    0
```

例子中的函数体给出了两种赋予默认值的方法。第一种方式是利用逻辑或运算符,当 arg0 获取到一个数据并且非 false 时,此时逻辑或即返回第一个操作数。当 arg0 没有保存值时为 undefined,因此逻辑或的第一个操作数转化为布尔值时为 false,所以逻辑或运算符输出第二个对象,而这时只要把默认值放在第二个操作数的位置,即可起到赋予默认值的作用。

第二种方法是利用 if 语句,判定形参是否等于 undefined。如果相同,那么说明 arg1 没有保存到参数,因此赋予一个默认值给这个形参。如果不相同,则什么都不做,因为这时候 arg1 已经有非 undefined 值了。

当直接调用函数 test 而什么值都没有传进去时,结果都取用了默认值。但是一旦把 0 作为参数传进去的时候,似乎问题就出现了。可见第一种方式下参数还是取到了默认值,但是希望参数是 0。原因在于 0 转换为布尔值 false,因此逻辑或继续取第二个操作数,第二种方式就没有这样的问题。因此这里面给了提示,虽然第一种方式实现的代码非常短,但是遇到 0 作参数的情况就运行错误。第二种方式虽然代码较长,但是适用于任何数据类型(除了实参是 undefined 的情况)。使用哪种方式由具体情况决定,但确定了函数的参数不可能是 0 时,可以利用第一种方式来设置默认值,否则需要利用第二种方式。

4.3.3 arguments 对象

上面提高过实参数多于形参数时,没有形参能够保存多出来的实参数据。那么还有没有其他办法来获取到这个传进来的数值呢?有的,那就是利用 arguments 对象来获取传递进来的每一个参数。

arguments 对象类似于一个数组,它的每一个元素保存的都是传递进来的实参数据,可以使用方括号[ ]运算符来获取它的元素。并且可以利用 length 属性来确定传进来的参数个数。因为数组的第一个元素是从下标 0 开始的,所以想要获取第一个参数时,可以这样做 arguments[0]。

下面利用 arguments 来获取代码清单 4 - 2 中的多余实参,实现如代码清单 4 - 5 所示。

代码清单　4 - 5

```
function test( arg0, arg1) {
    console. log( arguments[0]);
    console. log( arguments[1]);
    console. log( arguments[2]);
    console. log( arguments. length);
}
test( 100, 200, 300);
//输出结果
//100
//200
//300
//3
```

现在设置的形参(arg0,arg1)可以不使用了,而是直接通过 arguments 对象获取所有的参数。传进去 3 个数据,因此 arguments 对象的属性 length 为 3。

利用 arguments 对象的好处在于:当需要定义一个函数,并且这个函数不管传进来多少数据,都对每个数据做同样的处理,那么此时 arguments 显得非常方便,实现如代码清单 4 - 6 所示。

代码清单　4 - 6

```
function test( ) {
    for (var i = 0; i < arguments. length; i + + ) {
        console. log( arguments[ i ]  + 3 ) ;
    }
}
test(1, 3, 5, 7, 9);          //输出结果 4 6 8 10 12
```

代码中的函数作用是:对所有传递进来的数值加上 3 再输出,这个函数中并没有限制参数的个数,内部是利用 arguments 对象的属性 length 来作为循环的次数,对每个参数加 3 后再输出。

4.3.4　模拟函数重载

对于某些编程语言(如 C + +)有函数重载的功能。什么是函数重载? 就是可以定义多个同名函数,然后根据传递进来的参数类型或者参数个数来选出最符合的那个函数来调用。但是在 JavaScript 中不支持函数重载的功能,因此 JavaScript 是弱类型,在定义函数时无须指出参数的类型,因此无法做到根据参数类型来判断符合的函数。

但是利用 JavaScript 中的 arguments 对象,可以做到模拟函数重载的行为。做法就是利用 if 语句判定传进来的参数个数,以此作出不同的行为。下面给出一个例子,实现如代码清单 4 - 7 所示。

代码清单　4 - 7

```
function max( ) {
    var temp = arguments[ 0 ] ;
    for (var i = 1 ; i < arguments. length; i + + ) {
        if (temp < arguments[ i ]) temp = arguments[ i ] ;
    }
    return temp;
}
console. log( max(1, 3, 5));                    //5
console. log( max(1.1, 3.2, 5.2, 7.2, 9.3));    //9.3
```

```
console. log( max( "apple", "boy", "cat", "dog" ) );        //dog
```

上面的代码中,利用了 arguments 对象改写了之前的 max 函数,现在的函数不在仅仅局限于求 3 个数中最大值,而是可以求任意数量的数据中的最大值。

或者设计如下一个函数,实现如代码清单4－8所示。

代码清单　4 –8

```
function test() {
    if (arguments. length = = 2) {
        return arguments[0]  *  arguments[1];
    } else if (arguments. length = = 3) {
        return arguments[0]  +  arguments[1]  +  arguments[2];
    }
}
console. log( test( 2, 5) );            //10
console. log( test( 1, 2, 3) );         //6
```

函数的作用是检测参数个数,如果只有 2 个参数,那么返回这 2 个参数的积,如果有 3 个参数,那么返回这 3 个参数的和。由此对不同参数个数而产生不同行为。

虽然这样的特性算不上完美的函数重载,但是也有非常大的用途。

4.4　函数调用返回值

在上面的例子中,也看到了函数可以返回一个数值,利用 return

```
return expression;
```

如果返回的是一条表达式或函数,那么先计算出这条表达式或函数的数值,再返回。如果一个函数有返回值,那么可以把这个函数作为一个表达式并赋值给一个变量

```
var value  =  fun( );
```

当然也可以什么也不返回,自己执行 return 即可。

```
return;
```

当函数体中的语句执行到 return 关键字时,返回便会立即结束并返回一个值。如果在 return 之后还有其他语句,那么会忽略而不执行,实现如代码清单4－9所示。

代码清单　4 –9

```
function test() {
```

```
    console. log( "return 之前" );          //输出"return 之前"
    return;                                //退出函数
    console. log( "return 之后" );          //没有起作用
}
test( );
```

执行上述例子以后,你会发现只有 return 之前的语句生效,而之后的语句都将被忽略掉,因此利用 return 可以在某些特定条件下强行退出函数,以防止程序崩溃,实现如代码清单 4 – 10 所示。

代码清单　4 – 10

```
function divide( a, b) {
    if (b = = = 0) {
        console. log( "除数不能为 0!" );
        return;
    }
    console. log( a / b);
}
divide( 10, 5);          //2
divide( 4, 0);           //输出"不能除以 0 的数"
```

设计一个除法的函数,因为除法不能除以一个为 0 的数(得到 Infinity 的值),因此在函数中先判断 b 是否为 0。如果为 0 则输出警告消息并且退出函数,借此能够防止程序不正确运行。

4.5　递归函数

一个函数定义的函数体中出现对自身直接或间接的调用的情形,这样的函数称为递归函数。为什么会出现递归调用函数的方法? 是因为在一些比较复杂的数学问题当中,解决上层问题需要先解决处于下层的问题,而下层问题又依赖其自身的下层问题。如果尝试用循环等其他方法去解决,那么很可能代码非常复杂、难以理解,甚至无法解决这样的问题,于是便诞生出递归函数的解决方法,比较著名的递归算法是 Hanoi(汉诺)塔问题。

下面再举一个数学上常见的递归函数的使用,这个便是递归阶乘函数。

首先来简单分析以下 5 的阶乘 5! 。因为 5! = 5 ×4! ,而 4! = 4 ×3! ,3! = ……当然这道问题可用循环解决,但是这里使用递归函数来求解,实现代码如代码清单 4 - 11 所示。

代码清单　4 - 11

```
function factorial(num) {
    if (num < = 1) {
        return 1;
    } else {
        return num ∗ factorial(num - 1);
    }
}
factorial(5);                //120
```

其实只要列出递归的公式,即可写出上述的递归函数,公式如下。

$$n! = \begin{cases} 1 & (n = 0,1) \\ n \times (n-1)! & (n > 1) \end{cases}$$

于是通过 if 语句判断传进来的参数的值,如果参数大于 1,那么递归调用自身。如果参数为 0 或 1,那么直接返回 1,因此递归结束。

要注意的地方是:程序中不应该出现无休止的递归调用,必须设立一个条件,当这个条件成立的时候开始返回结果,通常这个条件就是最下层问题的解。否则就像无限循环一样,只能使用任务管理器终止程序了。

4.6　小结

本章主要讲述了 JavaScript 中函数的使用方法。其中函数的定义方式与 C 语言的定义非常相似,只不过在函数定义中不用指定参数类型,这也是 JavaScript 中弱类型的使然。

函数的形式参数与实际传进去的参数数目可以不一样。当形参目多于实参目时,前几个形参分别对应着传进来的实参,而后面多出来的形参没有定义,为 null 值。当形参数目少于实参数目时,多出来的实参不能用形参来获取到。这时候可以通过函数中的 arguments 对象获取所有传进来的实参。

在 JavaScript 中并没有如 C + + 中的重载函数,新定义的一个同名函数会覆盖掉之前所定义的函数。但是利用 arguments 对象中的属性 length,通过判断传进来的实参数目进行不同的函数行为判定,从而模拟了重载函数。

4.7　习题

1. Javascript 中的函数定义,不包含以下哪个部分?

A. 函数名

B. 函数体

C. 参数列表

D. 函数返回类型

2. 以下函数的有关说法中,正确的是_____。

A. 定义函数需要制定返回值类型。

B. 函数的参数列表不能为空。

C. 函数可以没有返回值。

D. Javascript 中允许函数重载。

3. 以下关于函数参数的有关说法中,错误的是_____。

A. 传入的实参数目可以多于形参数目。

B. 可以使用 arguments 对象获取传入的实参。

C. 形参数目不能多于实际传入的实参数目。

D. 可以通过 arguments 对象知道实际传入的实参数目。

4. 一下关于递归函数的有关说法中,错误的是_____。

A. 递归函数是指一个函数直接或间接地调用自身。

B. 递归函数一定要有返回值。

C. 递归函数需要设置一个条件来退出循环调用自身。

D. 递归函数能够解决部分循环语句无法处理的问题。

5. 编写一个函数 fun(x , y , z),求出 3 个参数中的最大值和最小值并输出到调试台。

6. 编写一个递归函数,用于求阶乘的值,并利用这个函数求出 9! 的结果。

第5章　引用类型

本章将要详细讲述引用类型,引用类型是一种特殊的数据结构。它封装了数据与方法,通过一个 new 运算符创建一个引用类型的实例时,这个实例便拥有了这个引用类型所定义的属性和方法,通过点运算符便可访问到其中的数据。引用类型是 JavaScript 的重要组成部分,也是构成了 JavaScript 基于对象编程的重要基础。

5.1　基本类型和引用类型

在 JavaScript 中,变量可能取两种不同数据类型的值:基本类型值和引用类型值。基本类型值是简单的数据段,而引用类型值是指那些可能有多个值构成的对象。在访问这两种类型值时产生的行为会有差异。

在第 2 章中介绍了 5 种基本数据类型:Undefined、Null、Boolean、Number 和 String。这5 种数据类型的值都属于基本类型,因此都是按值访问的,即对一个保存了基本类型值的变量操作时,实际上是直接对变量的内存进行了操作。

而在第 2 章中提到过的 Object 类型就是一种引用类型。对引用类型的一切操作都是按引用访问的,即通过一个对象的引用将操作反映到对象本身。

5.1.1　内存保存

对于基本类型和引用类型的值的保存地方,也会有所不同。

❖　基本类型值

存储在栈(stack)中的简单数据段,它们的值直接存储在变量访问的位置。当利用var 声明两个变量时

var num = 6;

var str = "XiaoMing";

产生的数据将存储在栈(stack),各自保存自己的值,共享内存模型如图 5 - 1 所示。

❖　引用类型值

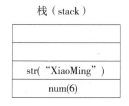

图 5 - 1　基本类型内存存储

存储在堆(heap)中的对象,存储变量的值是一个指针,指向存储对象的内存处。

下面是引用类型的内存模型。

当定义一个对象的时候,对象实际存储在堆(heap)之中。而返回给变量的只是一个引用,这个引用指向这个对象本身,如图 5 - 2 所示。

```
var people = new Object();
var car    = new Object();
```

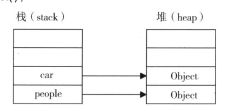

图 5 - 2　引用类型内存存储

正因为变量中存储的值实际上只是对象的引用,才称为引用类型。在后面会发现,一旦是通过 new 关键字产生的类型,全都是引用类型,并且存储于堆(heap)之中。

5.1.2　复制变量值

由于内存的存储方式不一,因此导致在变量的复制赋值时,产生的行为也不一致。

❖　基本类型值

如果从一个变量复制基本类型的值到另一个变量时,将会产生这个值的副本,然后复制到新变量的内存所在位置,实现如代码清单 5 - 1 所示。

代码清单　5 - 1

```
var num1 = 6;
var num2 = num1;
console.log(num1);              //6
console.log(num2);              //6
console.log("改变 num2 的值");    //"改变 num2 的值"
num2 = 10;
```

```
console. log( num1);                    //6
console. log( num2);                    //10
```

把变量 num1 复制给 num2 时,num2 同样获取了数值 6,然后修改变量 num2 的值为 10,再次输出时,可以看到变量 num1 的值没有改变,而只有变量 num2 的值变为 10,其复制过程的内存图如图 5 – 3 所示。

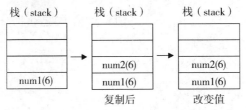

图 5 – 3　基本类型值复制过程

当将变量 num1 赋值给变量 num2 以后,变量 num2 在栈中新建一内存用以保存这个值,改变变量 num2 值以后,不影响原变量 num1 值大小。它们各自保存自己的值,互不影响。

❖　引用类型值

当一个变量复制引用类型的值到另一个变量时,同样也是创建这个值的副本,放到新变量的内存所在位置。但是有一点不同的是,这时候变量的值并不是对象本身,而是这个对象的引用(指针)。因此复制结束后,这两个变量所指向的对象实际上是同一个。通过变量改变对象中的一个属性,那么另一个变量访问这个属性时也改变了,实现如代码清单 5 – 2 所示。

代码清单　5 – 2

```
var obj1  = new Object( );
obj1. name  = "XiaoMing";
var obj2  = obj1;
console. log( obj1. name);              //"XiaoMing"
console. log( obj2. name);              //"XiaoMing"
obj2. name  = "ZhangSan";
console. log( obj1. name);              //"ZhangSan"
console. log( obj2. name);              //"ZhangSan"
```

在上述例子中,只改变了 obj2 的 name 属性的值,但是 obj1 的 name 属性的值也改变了,原因是这两个变量实际上指向同一对象,其复制过程的内存图如图 5 – 4 所示。

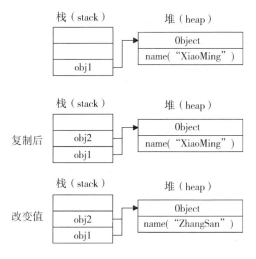

图 5-4 引用类型值复制过程

5.2 引用类型

引用类型在 JavaScript 属于一种数据类型,它用于把一系列的属性和方法放在一起,统一进行管理。由引用类型定义出来的一个值(对象)便称作这个引用类型的实例,这些对象都包括了这个引用类型中所包含的属性和方法。

例如有一个 People 的引用类型,这个类型中包含了 name 属性和 age 属性,还有 run 的方法,那么当用 new 关键字创建这个类型的实例 people 时,people 便也有了默认的 name 属性、age 属性和 run 的方法。

以上的叙述都是 JavaScript 基于对象编程的基础。

JavaScript 中提供了很多原生的引用类型以供使用,下面就其中的一部分引用类型进行讲述。

5.2.1 Object 类型

Object 类型是使用最多的一个引用类型,而在 JavaScript 中的引用类型都是继承于 Object 类型的。Object 类型包括了下面的属性和方法。

❖ constructor 属性:保存着创建此对象的函数。对于用 new Object( )创建的对象来说,constructor 属性便指向 Object。

❖ hasOwnProperty(property)函数:用于检查传进去的参数 property 是否为当前对

象的属性。若定义了一个 people，其中有属性 name，那么 people. hasOwnProperty（"name"）返回 true，表明有此属性。

❖ isPrototypeOf（object）函数：用于检查传进去的参数 object 是否为当前对象的原型，原型（prototype）可以理解成是一个对象创建时的"模板"。

❖ propertyIsEnumerable（property）函数：用于检查传进去的参数 property 能使用 for – in语句遍历。例如 constructor 就是不能被遍历的。

❖ toString（）函数：返回对象的字符串表示。

❖ valueOf（）函数：返回对象的字符串、数值或布尔值表示。

下面来观察一下以上各属性和方法的输出结果，实现如代码清单5 – 3所示。

代码清单　5 –3

```
var obj = new Object();
obj. name = "XiaoMing";
console. log( obj. constructor);          //function () { [ native code] }
console. log( obj. hasOwnProperty( "name"));       //true
console. log( obj. propertyIsEnumerable( "constructor"));       //false
console. log( obj. toString());          //[ object Object]
console. log( obj. valueOf());          //Object { name： "XiaoMing"}
```

以上结果是 Google 浏览器的输出结果，对于不同的浏览器输出结果也会有所不同。上面的这些函数经常用于在调试时输出对象来检查程序的运行。

1. 字面量定义

除了之前提到过用 new 关键字创建 Object 对象，这里再介绍另一种定义 Object 对象的方式，就是利用对象字面量表示法，其格式为用大括号{}把一个或多个属性包括起来，以此简化 Object 的定义。

```
var obj = {
    property1： value,
    property2： value,
    property3： value,
}
```

当然如果大括号中不设置属性，那么效果就相当于只创建一个 Object 对象，即

var obj = {}　等价于　var obj = new Object();

利用这种方法可以快速创建带有多种属性的对象

```
var people = {
    name： "XiaoMing",
    age： 18,
```

weight : 60

}

属性名和属性值之间用冒号":"隔开,而且不同属性间要用逗号","隔开。

2. 获取属性值

获取一个对象的属性值,一般都是使用点表示法,即一个对象带点和属性名来获取相应的属性值

object. property

还可以用方括号［］来获取属性值,这种获取方法类似于数组的下标法获取元素。但是获取属性值时方括号［］中的不是下标数,而是属性名

object[property]

这里需要注意的是:此时方括号中的属性名需要以字符串的形式表示,如下所示。

people["name"]　等价于　people. name

5.2.2　Array 类型

除了 Object 类型,在编程中经常用到的引用类型就是 Array 类型了,即所谓的数组。JavaScript 中的数组具有很大的灵活性,因为在同一个数组中保存的元素可以是任意类型,也就是说,数组第一项可以保存一个数值类型,第二项可以保存字符串类型,这在 JavaScript 中是允许的,并且数组大小可以动态调整。

1. 数组定义

对于创建一个数组,同样也有两种定义的方法。第一种方法就是利用 new 关键字创建一个 Array 类型

var ary = new Array( ) ;

此时这个数组为空数组,元素长度为 0,即不包含任何元素。

如果想要创建一个具有给定长度的一个数组,那么可以在创建的时候传递一个数值进去,这个数值就代表创建数组的长度

var ary = new Array(5) ;

此时所创建的数组长度为 5,但是由于没有赋值,因此里面的 5 个元素的值都为 undefined。不过给定长度的定义意义是不大的,因为数组大小可以动态调整,因此不必担心数组容量的多少。

当然,如果希望在创建数组的同时对数组进行初始化,那么也可以通过传递参数来初始化数组

var ary1 = new Array(1, 2, 3, 4, 5) ;

var ary2 = new Array("apple", "boy", "cat") ;

var ary3 = new Array("apple", 5, new Object( )) ;

把数据用逗号","分隔传到构造函数中,每个数据都作为元素用来初始化数组。上面第一条是创建一个带有5个数值元素的数组,第二条创建了一个带有3个字符串元素的数组,而第三条就创建了带有3个元素的数组,里面的元素分别有字符串、数值和对象。

这里要注意的是,当只传递一个字符串时,数组被创建为一个带有1个字符串元素的数组,但是如果只传递一个整数数值时,那么创建结果就是指定数组的长度,而不是初始化。

```
var ary1 = new Array(5);          //数组长度为5
var ary2 = new Array("apple");    //数组长度为1,这个元素即为"apple"
```

第二种创建方法是利用数组字面量表示法,即用方括号[]把所有元素包括起来,每个元素间用逗号","隔开。

```
var ary = ["apple", "boy", "cat"];
var ary = []          等价于          var ary = new Array();
```

如果括号中不包含元素,那么等价于创建了一个长度为0的空数组。

2. 元素获取与修改

获取数组元素的方法是利用方括号的方法,其中方括号中的整数值是获取数组元素的下标位置,注意下标位置从0开始,即下标0对应着数组的第一个元素。修改元素时,直接通过下标修改即可,如下所示。

```
var ary = ["apple", "boy", "cat"];
console. log(ary[0]);          //"apple"
ary[1] = "bed";               //第2项修改为"bed",对应数组下标为1
ary[2] = "car";               //第3项修改为"car",对应数组下标为2
```

数组对象有一个length属性,这个属性返回的是数组当前的长度,利用这个属性可以查看数组中有多少个元素。

```
var ary1 = [];
console. log(ary1. length);          //0
var ary2 = ["apple", "boy", "cat"];
console. log(ary2. length);          //3
```

还记得在函数内部可以调用arguments对象吗?arguments也有一个length属性,并且同样是以数组的形式保存传递进来的参数值,但是要注意的是arguments并不是一个数组对象,它并没有数组对象中的方法,只能保存和以下标获取修改其中的元素。

在JavaScript中要获取的元素下标超出数组范围时,程序并不会崩溃或者产生不可预料的结果。因为下标超出了数组范围,所以元素值是未定义的,因此返回undefined值,只要不非法操作undefined值就不会产生错误。

数组可以动态调整数组大小,当试图通过超出范围的下标来为元素赋值时,数组就会重新计算其数组大小,并且会为访问的下标值位置插入一个新元素并赋值,实现如代码清单5-4所示。

代码清单 5-4

```
var ary = ["apple", "boy", "cat"]
console.log(ary.length);            //3
console.log(ary[26]);               //undefined
ary[25] = "zero";
console.log(ary.length);            //26
console.log(ary[25]);               //"zero"
```

从上述例子可以看到,在创建时初始化以后数组长度为3,访问超过数组范围的元素值为 undefined。并且对超出范围的元素赋值后,数组长度改变为26,即插入元素作为数组的最后一项,而从下标3到下标24间的元素都是未定义的,返回 undefined 值。

3. 数组对象方法

数组对象除了继承了 Object 的方法以外,还有自己的一些方法,下面摘取部分常用的进行讲解。

❖ push( )和 pop( )方法

push( )方法就是把参数中的值按顺序添加到数组最后一项当中,并且修改数组的长度。而 pop 方法就相反,它移除数组最后一项,并且将数组长度减1,然后返回这个被移除的值,实现如代码清单5-5所示。

代码清单 5-5

```
var ary = ["apple", "boy", "cat"];
ary.push("dog");
console.log(ary);               //"apple", "boy", "cat", "dog"
console.log(ary.length);        //4
ary.push("egg", "fly");
console.log(ary);               //"apple", "boy", "cat", "dog", "egg", "fly"
console.log(ary.length);        //6
console.log(ary.pop());         //"fly"
console.log(ary.pop());         //"egg"
console.log(ary);               //"apple", "boy", "cat", "dog"
console.log(ary.length);        //4
```

❖ shift( )和 unshift( )方法

shift( )方法是移除数组中的第一项,并且将数组长度减1,然后返回这个被移除的值。unshift( )方法就是把参数中的值添加到数组前端,并且修改数组的长度,实现如代码清单5-6所示。

代码清单 5-6

```
var ary = ["apple", "boy"];
ary. unshift("cat");
console. log(ary);              //"cat", "apple", "boy"
console. log(ary. length);      //3
ary. shift("dog", "egg");
console. log(ary);              //"dog", "egg", "cat", "apple", "boy"
console. log(ary. length);      //5
console. log(ary. shift());     //"dog"
console. log(ary. shift());     //"egg"
console. log(ary);              //3
console. log(ary. length);      //"cat", "apple", "boy"
```

❖ reverse( )和 sort( )方法

reverse( )方法使数组元素顺序头尾颠倒。sort( )方法使数组中的元素按递增顺序进行排序,但是要注意 sort( )方法是先调用元素的 toString( )方法转化为字符串以后,再以字符串的字符编码来比较排序,实现如代码清单5-7所示。

代码清单 5-7

```
var ary1 = ["boy", "apple", "dog", "cat", "egg"];
console. log(ary1. reverse());   //"egg", "cat", "dog", "apple", "boy"
console. log(ary1. sort());      //"apple", "boy", "cat", "dog", "egg"
var ary2 = [3, 8, 10, 15, 30];
console. log(ary2. reverse());   //30, 15, 10, 8, 3
console. log(ary2. sort());      //10, 15, 3, 30, 8
```

字符串的排序应该没有问题。可是当数组元素为数值时,sort( )方法在排序前先把数值转为相应的字符串"3","8","10","15","30",从而先比较字符串第一位的字符编码值,可知"1"最小,因此排序结果如上所示。

那么如果希望排序结果是以数值大小来比较,更进一步地说,如果数组元素为对象,要求排序是以对象其中的一个属性来排序,那么应该怎么做呢? JavaScript 允许自定义排序方法,sort()方法接收一个比较函数作为参数,并且排序时按照这个函数返回的值来进行。

这个比较参数要能够接收两个参数,sort()方法会传进两个数组元素作为参数。如果第一个参数排在第二个参数前,那么函数应该返回一个负数,相等时应该返回0,如果第一个参数排在第二个参数之后,那么要返回正数,这个比较参数的实现如代码清单5－8所示。

代码清单　5－8

```
function compare( value1, value2) {
    if (value1  < value2) return -1;
    else if (value1  == value2) return 0;
    else return 1;
}
var ary  = [10, 30, 3, 8, 15];
console. log( ary. sort( compare) );        //3, 8, 10, 15, 30
```

5.2.3 Function 类型

在JavaScript中一切都是对象,当然也包括函数。每个函数都是Function类型的实例,在定义一个函数的时候,实际上就是创建了一个函数对象,而所谓的函数名其实就是一个指向函数对象的变量。

既然函数是一个引用类型,当然也可以使用new产生一个对象,语法如下。

var fun = new Function (arg0, arg1, ..., argN, statement);

传入构造函数的参数是函数的形参名和函数体,其中把最后一个参数当作是函数体,即以下两种定义方式是一致的。

```
var add( num1, num2) {
    return num1  + num2;
}
```

等价于

var add = new Function ("num1", "num2", "return num1 + num2");

其中的形参名和函数体都要用字符串表示,虽然这种形式也可以定义函数,但是形式比较少见,不适合函数体较长的函数,并且影响定义的执行效率,建议不要使用这种定义方式。

1. 函数是对象

要明确知道函数是一个对象，因此对于函数的行为就容易理解了。首先函数名只是一个保存函数引用的变量，因此一个函数可以有多个不同的函数名，只要这些变量指向同一个函数就可以了，实现如代码清单5-9所示。

代码清单　5-9

```
var add = function (num1, num2) {
    return num1 + num2;
};
var sum = add;
console. log(add(1, 2));        //3
console. log(sum(3, 4));        //7
```

定义函数add()后，再定义一个变量sum指向这个函数，并且把sum当作一个函数来调用，可以见到运行效果一样，都是简单的相加。

如果用同一个函数名先后定义两个不相同的函数，那么实际后来定义就把新的一个函数对象的引用赋值给了这个变量，覆盖了之前的引用，所以一个函数名只能对应一个函数，实现如代码清单5-10所示。

代码清单　5-10

```
function add(num1, num2) {
    return num1 * num2;
};
function add(num1) {
    return num1 + 50;
};
console. log(add(3, 4));            //53
```

如果有函数重载，那么输入两个参数时理应调用第一个函数，但是实际输出效果是53，即调用了第二个函数，说明定义第二个函数时把第一个函数的引用覆盖了。

进一步，可以把函数对象作为一个参数传进另一个函数中，这在Array对象的sort()方法中已经看到过这个用法，如代码清单5-6所示。

2. 函数对象属性和方法

函数对象有以下两个属性

❖　length属性：这个属性表明的是这个函数希望接收的参数个数，即定义时所给出的形参个数。

❖　prototype属性：prototype属性对于普通的函数来说意义不大，它的作用主要体现在作为构造函数时。有关构造函数和 prototype 属性的内容将会在"面向对象编程"一章中详细叙述。

5.3　基本数据类型的方法

为了便于操作基本类型值,JavaScript 中提供了 3 个特殊的基本类型:Boolean、Number 和 String 类型,在调用一个基本数据类型的方法时,JavaScript 会自动地在基本数据和对象之间进行转换。从而能够像操作对象一样来操作基本数据类型。

对于保存有基本类型的变量,可以直接对这个变量调用对象方法,实现如代码清单 5 – 11 所示。

代码清单　5 – 11

```
var num  = 1;
var numToStr = num. toString( );
console. log( typeof numToStr);          //string
```

尽管 num 变量并不是对象,却可以对它使用对象方法 toString( )将其转化为字符串。这就是 JavaScript 把基本数据转换为相应的字符串类型对象,才得以让对变量进行如同对象般的操作。

5.3.1　Boolean 类型

Boolean 类型对应的基本类型是布尔值,Boolean 类型并没有提供特有的一些方法,不过继承了 Object 类型的方法,所以也可调用 toString( )方法和 valueof( )方法,其中 toString( )方法将对象转化为对应的字符串,valueof( )方法将对象转化为布尔值。

不过要弄清楚的是,此时定义的这个变量不再是基本类型,而是一个对象,所以在一些行为上面应该表现出对象的性质,实现如代码清单 5 – 12 所示。

代码清单　5 – 12

```
var flag  = false;
console. log( flag && "Hello! ");          //"Hello! "
console. log( typeof flag. toString( ));          // string
console. log( typeof flag. valueof( ));          // boolean
```

这里面要注意的是第一条输出表达式 flag && "Hello!"，输出结果是字符串" Hello!"。之前讨论的时候提到了：运算符 && 遇到第一个操作数是 false 的情况，马上返回 false 不再执行。但是在这里的 flag 是一个对象，运算符 && 遇到对象时会输出第二个操作数，所以返回的结果是"Hello!"。

5.3.2 Number 类型

Number 类型对应的基本类型为数值类型。Number 类型也继承了 toString( )方法和 valueof( )方法，其中 valueof( )方法将对象转化为数值类型，toString( )方法将对象转化为对应的字符串。不过在这里 toString( )方法可以接收一个参数，这个参数代表要返回的字符串为几进制的形式。例如，一个十进制数 3，当传递 2 到 toString( )方法中，返回的字符串是"11"，实现如代码清单 5 - 13 所示。

代码清单　5 - 13

```
var num = 15;
console. log( num. toString( ));          //"15"
console. log( num. toString(2));         //"1111"
console. log( num. toString(4));         //"33"
console. log( num. toString(8));         //"17"
console. log( num. toString(16));        //"f"
```

不输入参数时，toString( )方法默认数值十进制形式的字符串表示。

除了继承的方法来，Number 类型还提供了一些转换为字符串的方法，包括有 toFixed( )、toExponential( )和 toPrecision(·)方法。

❖　toFixed( )方法：用于把一个数值转化成带有指定小数位的字符串表示，转换以四舍五入来进行。这个方法接收一个参数，用于指定带有的小数个数，默认情况是 0，即不保留小数，实现如代码清单 5 - 14 所示。

代码清单　5 - 14

```
var num = 23. 456;
console. log( num. toFixed( ));          //"23"
console. log( num. toFixed(1));         //"23.5"
console. log( num. toFixed(2));         //"23.46"
console. log( num. toFixed(3));         //"23.456"
console. log( num. toFixed(4));         //"23.4560"
```

❖ toExponential( )方法:用于把一个数值转化成科学计数法的字符串表示,转换以四舍五入来进行。这个方法接收一个参数,用于指定保留的小数个数,默认情况是保留所有小数,实现如代码清单5-15所示。

代码清单 5-15

```
var num = 23.456;
console.log(num.toExponential());       //"2.3456e+1"
console.log(num.toExponential(1));      //"2.3e+1"
console.log(num.toExponential(2));      //"2.35e+1"
console.log(num.toExponential(3));      //"2.346e+1"
console.log(num.toExponential(4));      //"2.3456e+1"
console.log(num.toExponential(5));      //"2.34560e+1"
```

❖ toPrecision( )方法:用于把一个数值转化成指定位数的字符串表示,转换以四舍五入来进行。这个方法接收一个参数,用于指定保留的位数(包括整数部分和小数部分,不包括指数部分),默认情况是保留所有数字,实现如代码清单5-16所示。

代码清单 5-16

```
var num = 98.7654;
console.log(num.toPrecision());       //"98.7654"
console.log(num.toPrecision(1));      //"1e+2"
console.log(num.toPrecision(2));      //"99"
console.log(num.toPrecision(3));      //"98.8"
console.log(num.toPrecision(4));      //"98.77"
console.log(num.toPrecision(5));      //"98.765"
```

5.3.3 String 类型

String 类型对应的基本类型为字符串类型,其中 String 类型也都继承了 toString( )方法和 valueof( )方法,不过这两个方法的返回值都对应字符串。

下面来介绍一下 String 类型的属性和方法。

❖ length 属性:这个属性返回字符串的字符个数。

❖ 获取字符方法:一共有3种方法获取字符串中对应位置的字符,分别是 charAt( )、charCodeAt( )和利用下标获取。

charAt( )方法接收一个参数,为要获取字符的下标位置,位置从0开始,返回对应的字符。charCodeAt( )同样接收下标位置为参数,但是返回值是字符编码。另外的可以用方括号[ ]来获取对应下标位置的字符,实现如代码清单5-17所示。

代码清单 5-17

```
var str = "Hello World! ";
console. log( str. charAt(6) );          //"W"
console. log( str. charCodeAt(6) );      //87
console. log( str[6] );                  //"W"
var str2 = "w";
console. log( str2. charCodeAt(0) );     //119
```

大写字母"W"对应的字符编码是87,会发现小写字母的字符编码比对应的大写要大,因此在比较字符时,大写字母要小于小写字母。

❖ 获取子字符串:其中有两个方法 substr( )和 substring( )获取字符串中的子字符串,这两个函数都不会改变原字符串,只是提取其中的字符来组成一个新字符串并返回。

substr( )接收两个参数,第一个参数为子字符串的起始位置,第二个参数为子字符串的长度。如果忽略第二个参数,那么默认获取到字符串结束;如果忽略第一个参数,那么获取整个字符串。

substring( )同样接收两个参数,第一个参数为子字符串的起始位置,第二个参数为子字符串的终止位置的后一位。如果忽略第二个参数,那么默认获取到字符串结束;如果忽略第一个参数,那么获取整个字符串,实现如代码清单5-18所示。

代码清单 5-18

```
var str = "Hello World! ";
console. log( str. substr() );           //"Hello World! "
console. log( str. substr(1) );          //"ello World! "
console. log( str. substr(2, 7) );       //"llo Wor"
console. log( str. substring() );        //"Hello World! "
console. log( str. substring(1) );       //"ello World! "
console. log( str. substring(2, 7) );    //"llo W"
```

substr( )和 substring( )的差别主要在于存在第二个参数的情况,上述 substr(2, 7)方法从第3个字符"l"开始获取,长度为7。而 substring(2, 5)方法从第3个字符"l"开始获取,直到第8个字符(不包括第8个字符)。

5.4 Math 对象

JavaScript 中提供了一个内置对象 Math,这个对象提供了数学计算中常见的一些方法,方便编程人员使用。通过 Math 对象即可调用起内部的这些计算方法。

1. Math 对象的属性

Math 对象中的属性包括了数学中的一些常量,Math 中属性如表 5 - 1 所示。

表 5 - 1 Math 属性

属　　　　性	含　　　　义
Math. E	自然对数的底数
Math. LN10	10 的自然对数
Math. LN2	2 的自然对数
Math. LOG2E	以 2 为底 e 的对数
Math. LOG10E	以 10 为底 e 的对数
Math. PI	圆周率 π
Math. SQRT1_2	1/2 的平方根
Math. SQRT2	2 的平方根

2. Math 对象的方法

Math 对象中包含的常用数学计算方法,如表 5 - 2 所示。

表 5 - 2 Math 方法

属　　　　性	含　　　　义
Math. abs(x)	求 x 的绝对值
Math. acos(x)	求 x 的反余弦值
Math. asin(x)	求 x 的反正弦值
Math. atan(x)	求 x 的反正切值
Math. atan2(y, 2)	求 y/x 的反正切值
Math. ceil(x)	对 x 进行向上舍入
Math. cos(x)	求 x 的余弦值(x 为弧度单位)
Math. exp(x)	常量 e 的 x 次幂
Math. floor(x)	对 x 进行向下舍入
Math. log(x)	求 x 的自然对数

续表

属　性	含　义
Math. max(arguments)	求参数中的最大值
Math. min(arguments)	求参数中的最小值
Math. pow(x, y)	求 x 的 y 次幂
Math. random( )	返回 0~1 之间的随机数,不包括 0 和 1
Math. round(x)	对 x 进行四舍五入
Math. sin(x)	求 x 正弦值(x 为弧度单位)
Math. sqrt(x)	求 x 平方根
Math. tan(x)	求 x 的正切值(x 为弧度单位)

其中 max( )方法和 min 方法( )提供寻找最大值和最小值的用途。它们可以接收多个参数,求出其中的最值。但是要注意的是传递的参数只能是数值类型,不可以是字符串,否则出现错误。求最大值与最小值的实现如代码清单 5-19 所示。

代码清单　5-19

```
console. log( Math. max(3, 30, 10, 15, 8));        //30
console. log( Math. min(3, 30, 10, 15, 8));        //3
//console. log( Math. max("apple", "boy", "cat"));  //不允许
```

Math 对象中有 3 个方法对一个数值进行舍入,只保留整数部分,分别是 ceil( )、floor( )和round( )方法。它们的区别在于对小数的舍入行为不同。

ceil( )方法将小数进位,floor( )将小数舍去,round( )遵循四舍五入,实现如代码清单5-20 所示。

代码清单　5-20

```
console. log( Math. ceil(23.01));        //24
console. log( Math. floor(23.01));       //23
console. log( Math. round(23.01));       //23
console. log( Math. ceil(23.99));        //24
console. log( Math. floor(23.99));       //23
console. log( Math. round(23.99));       //24
```

还要注意的是在 Math 对象的方法中,sin( )方法和 cos( )方法参数中的角度都是弧度制的角度,即用 π 表示 180 度。因此计算一个度数制的角度时要乘上 Math. PI 常量来转换为弧度制,实现如代码清单 5-21 所示。

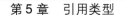

代码清单　5 –21

```
console. log( Math. sin(0) );              //0
console. log( Math. cos(0) );              //1
console. log( Math. sin( Math. PI) );      //1. 2246063538223773e – 16
console. log( Math. cos( Math. PI) );      // –1
var degToRad = Math. PI / 180;
console. log( Math. sin(30 ∗ degToRad) );  //0. 49999999999999994
console. log( Math. cos(60 ∗ degToRad) );  //0. 5000000000000001
```

可以看到用上述方法计算得到的值并非完全正确,而是有一小点误差,在精度要求不高的情况下完全可以忽略。

5.5　小结

对象封装了数据结构和方法,在 JavaScript 中被称为是引用类型的一个实例,引用类型的主要特点在于:

❖　引用类型的实例保存在一个堆之中,一个变量所获取到的只是指向这个实例的一个引用。而基本数据类型则保存在栈之中,每个变量保存有不同的实体。

❖　引用类型封装了属性和方法,可以通过点运算符取用一个对象中的属性值和方法。

❖　所有的引用类型都是继承于 Object 类型,因此都继承下 Object 类型中的属性和方法。

❖　函数实际上是一个对象,它是引用类型 Function 的一个实例。

❖　在调用基本数据类型上的方法时,JavaScript 会自动在基本数据类型和引用类型间转化。

JavaScript 中还内置有一个对象 Math,这个对象中包括了数学上的基本数值和数学运算函数,方便开发人员调用其中的方法进行数学计算。

5.6　习题

1. 基本类型存储在 _____ 之中,引用类型存在在 _____ 之中。

2. 以下数据类型的有关说法中,错误的是_____。

A. 引用类型存储在堆中,我们通过指针获取该类类型的引用。

B. 基本数据类型赋值时,会产生原变量值的一个副本并赋给新的变量。

C. 可以通过运算符(.)引用一个对象的属性或方法。

D. 基本数据类型和引用类型在内存中的存储位置一样。

3. 以下哪个语句不是定义了一个 Object 对象?

A. var obj = {};

B. var obj = [ ];

C. var obj = new Object( );

D. var obj = {age:18}

4. 以下哪条语句不是定义一个函数对象?

A. function fun( ) {};

B. var fun = function( ){};

C. fun( ) {};

D. var fun = Function("{}");

5. 语句"typeof null"的结果是以下哪一个?

A. null

B. undefined

C. object

D. number

6. 语句"var num = 18;console.log(num.toString(8));"的输出结果是_____。

A. 18

B. 22

C. 12

D. 102

7. 语句 "var num = 12. 345;consoloe. log (num. toFixed (2));"的 输 出 结 果 是_____。

A. 12.3

B. 12.34

C. 12.35

D. 12.345

8. 以下哪条语句产生一个 2 ~ 8 的随机数?

A. Math. random( ) * 8

B. Math. random( ) * 8 + 2

C. Math. random( ) * 6 + 2

D. Math. random( ) ＊ 6

9. 语句"var str ＝"123456";str. substring(2,5);"输出的结果是_____。

A. 2345

B. 345

C. 3456

D. 23456

第6章 面向对象编程

本章开始讲述一个重要概念,即面向对象编程。严格来说,JavaScript 是一种基于对象的语言,但是它可以利用自身的灵活性实现面向对象的功能,包括对象的封装、继承和多态性。本章将讲述在 JavaScript 中如何创建对象、继承对象,以及实现多态性。

6.1 概述

对象包含了自己的属性和一套方法,程序可以去访问对象的属性或者调用方法来做某些事情。

下面来看一个例子。

假设有一个人,他有名字和年龄,因此定义两个变量来保存这些信息:

```
var peopleName = "XiaoMing";

var peopleAge = 18;
```

这个人还会跑,因此定义一个"跑"的方法:

```
var run = function (name) {
    console.log("我是" + name + ",我可以跑");
}
```

那么当对这个人调用跑的方法时,把这个人的名字传给这个方法。

```
run(peopleName);        //"我是 XiaoMing,我可以跑"
```

很好,现在这个程序运行正常。

但是如果有一天,需要定义一只鸟,这只鸟可以飞。

```
var fly = function (name) {
    console.log("我是" + name + ",我可以飞");
}
```

然后一不小心把人的名字传递给这个"飞"的方法。

```
fly(peopleName);        //"我是 XiaoMing,我可以飞"
```

现在可是变得不得了,人竟然可以飞!此处就是预兆着程序,出现不正常行为,或者导致程序出现错误。如果代码量大,那么维护代码就变得不容易。

下面利用面向对象的编程方法实现。

```
var people = {
    name : "XiaoMing",
    age : 18,
    run : function () {
        console. log("我是" + this. name + ",我可以跑");
    }
}
```

那么需要这个人跑的时候,只需要调用对象方法。

```
people. run();
```

不过你也可能会错误调用成

```
people. fly()
```

但是在这个时候,发现错误就会变得相对容易,因为一个 people 对象中不存在 fly( ) 的方法,甚至一些智能的 IDE 会有错误提示。

利用面向对象的编程思维,1)可以更方便地管理数据和函数间的关系;2)维护和阅读代码也会变得相对简单;3)可以编写复杂程序。

以上在对象的方法定义中,出现了"this"关键字,下面开始讲述 JavaScript 中有关面向对象编程的知识。

6.2 this 对象

在上述例子中看到,在 run( )方法中出现了一个 this 的关键字,并且可以看到它通过点运算符取得 name 属性,那么实际上 this 是代表什么呢?不妨测试一下,实现如代码清单 6 - 1 所示。

代码清单 6 - 1

```
var people = {
    name : "XiaoMing",
    age : 18,
    show : function () {
        console. log( this. name);
        console. log( this. age);
        console. log( this);
        console. log( this = = people);
    }
```

```
};
people. show( );
// 输出结果
//" XiaoMing"
//18
//Object {name: " XiaoMing" , age: 18, show: function}
//true
```

定义一个名叫 people 的对象,其中有属性 name 和属性 age,并且已经初始化属性值。还定义了一个对象方法 show( ),它的作用就是利用 this 访问属性 name 和 age,并且输出 this 来查看结果。

可以看到,通过 this 访问到的属性值就是对象 people 的属性值。第 3 行输出结果表示 this 是一个对象,其中包含它的属性和对应的属性值。最后利用相等运算符来测试 this 和 people 的关系,返回结果是 true。

通过这个测试例子可以发现

❖ this 是一个对象。

❖ 并且 this 就是指向着对象本身。

当通过一个对象调用其对象方法时,JavaScript 就把这个对象传给了方法内部的 this 对象中,因此在方法调用时,this 就指向了这个对象本身,可以通过 this 来获取或操作对象的属性。

this 对象的目的在于:同一个引用类型可以产生出多个实例,每个实例都有着自己的属性值。为了分清楚方法调用时操作的属性是属于哪个实例的,就必须把这个实例传给 this,由 this 来处理对象实例的属性。

this 对象并不是对象方法特有的,它是所有函数内部都有的一个对象,就像 arguments 对象一样。平常的函数调用时会把 window 对象传给 this,而 window 对象是指浏览器本身,也相当于程序本身,定义的所有变量和函数都可以看作是 window 对象的属性。而对象调用方法时,传给 this 的就是对象本身。

6.3   封装

除了利用 Object 对象添加属性和方法外,还有其他创建对象的方法,下面来介绍两种创建对象的方法。

6.3.1 构造函数

前面已经介绍了怎么样创建一个对象,利用对象的字面量定义,在大括号中可以定义出对象的属性和相应的属性值。但是当要创建多个对象的时候,重复代码就显得太多了。既然每个对象都有相同的方法,而只有属性值不同,那么能不能够通过传递属性值来创建不同对象呢?

答案是能够的,这时候就要利用构造函数的形式来创建对象。

在上一章"引用类型"中介绍了 JavaScript 中原生的一些构造函数,其实就是跟在 new 后面的引用类型名(如 Object 等)。在 JavaScript 中,引用类型就是一个构造函数,它指定了由此产生的实例中内含的属性和方法,也即指定了一类对象属于这个类型。

下面来看看怎么自定义一个构造函数来创建对象,实现如代码清单 6 - 2 所示。

代码清单 6 - 2

```
var People = function (name, age) {
    this. name = name;
    this. age = age;
    this. show = function () {
        console. log( this. name);
        console. log( this. age);
    }
};
var people1 = new People( "XiaoMing", 18);
console. log( people1. name);        //"XiaoMing"
console. log( people1. age);         //18


var people2 = new People( "ZhangSan", 20);
people2. show( );                    //"ZhangSan" 20
```

可以看到此时 this 对象又出现了,在构造函数中的 this 对象同样是指向了实例,不过这个时候的 this 对象指向的是新创建的对象,对象的构造过程如下。

❖ 利用 new 操作符创建一个新对象。

❖ 把新对象的引用传给构造函数中的 this 对象,此时 this 指向了这个新创建的对象。

❖ 执行构造函数内部的代码。可以看到此例中在构造函数内部,先后为 this(即新对象)添加了 name 属性和 age 属性,并且添加了一个 show( )的方法。

❖　　返回这个新对象的引用,把这个引用赋值给变量名,即对象名。此例中是 people1 和 people2.

因此新创建的对象便有了 name 属性、age 属性和 show( )方法。

这个构造函数能够接收两个参数,并把这两个参数的值赋值给新对象的相应属性,因此利用这一点,只需把对象的不同属性值传递给构造函数,便能够创建具有相同方法,不同属性值的对象了。

在例子中,分别创建了两个对象 people1 和 people2,并传递不同的属性值。之后输出它们的属性值。可以看到这两个对象分别保存这不同的属性值,而且 people2 对象调用方法 show( )输出自身的属性值。这样就可以看清楚,当方法内部有了 this 对象,就可以确定要访问的属性来源于哪个对象,而不会访问到其他的对象中去了。

1. new 操作符

在创建对象的时候千万不能省略掉 new 操作符,如下例子。

var people ＝ People("XiaoMing", 18);

上述的语句是错误的。当不使用 new 操作符来调用 People( )时,People( )就变作了一般的函数,于是普通函数把 return 语句后的数据返回给变量。但是 People( )中没有 return 语句,因此返回值是 undefined,所以变量 people 的值只是 undefined 值而不是对象。

要记住,创建任何对象的时候都要使用 new 操作符。

2. constructor 属性

在"引用类型"一章中提到过,JavaScript 所有的引用类型都继承于 Object 类型,自定义的类型也不例外。因此所产生的对象中,除了自定义的属性和方法外,都继承 Object 类型中带有的属性和方法。

回到"引用类型"的 Object 类型,提到过 constructor 属性,它的作用是保存着创建此对象的函数。这里的函数其实就是指相应构造函数,因此对于任何对象,只要访问它的 constructor 属性,就可以知道它的构造函数是什么,实现如代码清单 6 - 3 所示。

代码清单　6 - 3

```
var People ＝ function (name) {
    this. name ＝ name;
};
var obj ＝ {};
var people ＝ new People("XiaoMing");
var num ＝ 1;
var str ＝ "Hello";
console. log( obj. constructor);          //function Object() { [ native code] }
```

```
console. log( people. constructor);        //function (name) { this. name = name; }
console. log( num. constructor);           //function Number() { [ native code] }
console. log( str. constructor);           //function String() { [ native code] }
```

利用 console. log 输出结果的时候，函数会利用 toString( )方法将数据转化为字符串形式以后再输出。如果输出的是一个函数，那么将以字符串形式输出这个函数的定义。

可以看到以上对象的 constructor 属性都指向它们的构造函数。

6.3.2　原型方法

每个函数也是一个对象，对象都有属性和方法。Function 类型的实例都有 prototype（原型）属性，它指向的是一个对象。而 prototype 属性的作用在于为构造函数（引用类型）的实例提供共享的属性和方法，即 prototype 属性所指对象中的所有属性和方法，都能够被实例访问到。

因此把属性和方法定义在 prototype 属性所指的对象中，那么所创建出来的对象也有了同样的属性和方法，实现如代码清单 6 - 4 所示。

代码清单　6 - 4

```
var People  = function () {};
People. prototype. name  = "XiaoMing";
People. prototype. age  = 18;
People. prototype. show  = function () {
        console. log( this. name);
        console. log( this. age);
};
var people  = new People();
console. log( people. name);              //" XiaoMing"
console. log( people. age);               //18
people. show();                          //" XiaoMing", 18
```

上面的例子中，构造函数的内部什么也不做，只是定义一个空的构造函数。接下来对这个构造函数的 prototype 属性添加属性和方法。因此在创建新对象以后，所有的对象都能够共享到原型中的属性和方法，自然不同对象的属性值也一样。

实例与 prototype 对象间的关系如图 6 - 1 所示。

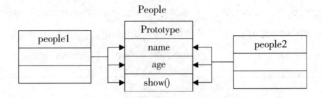

图 6 – 1 实例与 prototype 关系

　　prototype（原型）为实例提供了一个渠道去访问它其中的属性和方法，即所有实例共享了自己的属性和方法。一方面，所有实例都有共同的属性和方法；另一方面，属性值和函数对象都指向同一个对象。

　　如果改变新创建的对象之中的 name 属性，在上述例子中的 prototype 对象的 name 属性并不会改变，因为此时这实例会创建一个同名的属性 name，并且覆盖原来的访问渠道，实现如代码清单6–5所示。

代码清单　6 –5

```
var People = function () {};
People. prototype. name = "XiaoMing";
People. prototype. age = 18;
People. prototype. show = function () {
    console. log( this. name);
    console. log( this. age);
};
var people1 = new People();
var people2 = new People();
people2. name = "ZhangSan";
people2. age = 20;
people1. show()          //" XiaoMing", 18
people2. show();         //" ZhangSan", 20
```

　　上述例子中，对 people2 的 name 和 age 属性重新赋值，然后依次输出 people1 和 people2 的属性值。输出结果显示它们的属性值各不相同，说明 people2 的属性修改没有影响到原来的 prototype 对象中的属性值，而只是覆盖了访问渠道。现在它们的关系如图 6 –2 所示。

　　此时访问 people2 的 name 和 age 属性时，优先访问赋值时创建的同名属性，因此 prototype 对象中的同名属性的访问渠道被阻断。

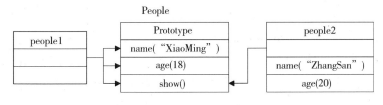

图6-2 赋值后关系图

6.3.3 混合方式

对于以上的两种创建对象方法,应该采用哪一种好呢?答案是两种都采用,以混合的形式来创建对象。下面先介绍以上两种创建方式的各自缺点。

1. 原型方式的不足

❖ 不能传递属性值来创建:

可以发现,利用 prototype(原型)对象设置属性时,产生出来的所有实例都共享相同的属性值。当需要创建带有不同属性值的对象时,必须重新为对象中的属性重新赋值属性,这样的做法无异于逐个添加属性的做法,代码重复率高,效率低下。

❖ 属性值为引用类型时产生的问题。

上述例子中的 name 属性和 age 属性保存的都是基本数据类型值,这样看起来问题不大。但是一旦属性值是引用类型,那么问题就出现了。对于引用类型产生的对象,它们是保存在堆(heap)中,变量保存的值只是它们的引用。如果直接对这个引用进行操作,那么影响将反馈到 prototype 本身,因此所有共享这个属性的对象都会受到影响,实现如代码清单6-6所示。

代码清单 6-6

```
var People = function () {};
People. prototype. food = [ "apple", "egg"];
var people1 = new People();
var people2 = new People();
people2. food. push( "pear");
console. log( people1. food);        //[ "apple", "egg", "pear"]
console. log( people2. food);        //[ "apple", "egg", "pear"]
```

上述的例子中,在 People 构造函数的 prototype 对象中加入了一个 food 的属性,这个属性保存的是一个数组,它是引用类型,因此产生的所有实例都共享这个数组。

对象 people2 除了原本的两种食物外,还喜欢梨子(pear),因此他往这个属性值中加入"pear"值。现在来看看他们的 food 的输出结果,奇怪的是竟然连对象 people1 也变得喜欢上梨子了! 原本只对 people2 添加了一个元素,为什么 people1 也受到影响了?

再次回头看图 6-2,prototype 对象中的属性被所有实例所共享,对于引用类型的属性值来说,所有实例都指向同一个对象。如果直接对这个属性值进行操作,效果就直接反映到这个对象上,因此共享这个属性值的所有实例都受到影响。从上述例子也可以看出用原型方法创建对象的不足之处。

如果不想改变 prototype 对象中的属性值,那么只好创建一个新的对象并赋值给同名属性。在本例中就是创建一个新的数组并赋值给 food 属性,如图 6-3 所示。

people2. food = ["apple", "egg", "pear"];

那么此时同名属性就指向了另一个新的数组。

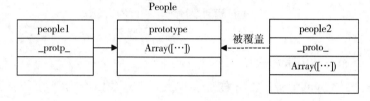

图 6-3 重新赋值后关系图

以后都用_proto_表示实例可以访问到 prototype 对象中的共享属性和方法。从图 6-3 可以看出 people2 创建了一个新的数组并覆盖了原来的同名属性数组。

2. 构造函数方式的不足

既然原型方式对于共享属性时会产生诸多问题,那么是否选择使用构造函数方式就好了? 构造函数也有它的不足之处。

构造函数产生对象的过程中,是先产生对象,再执行构造函数内部的行为来为对象添加属性和方法。也就是说每个方法都要在构造函数中重新定义一遍,即使方法名是相同的,但是实际上却指向了不同的函数对象。构造函数产生的对象间的关系如图 6-4 所示。

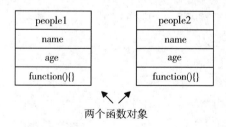

图 6-4 实例间关系

可以看到下面的例子,由此来证明实例中的同名方法是不同的两个函数对象。实现如代码清单 6-7 所示。

代码清单　6-7

```
var People = function () {
    this. sayHello = function () {
        console. log("Hello! ");
    }
};
var people1 = new People();
var people2 = new People();
console. log( people1. sayHello == people2. sayHello);   //false
```

上述例子使用相等运算符来检测两个实例的同名方法是否指向同一个函数对象,返回的结果是 false。证明利用构造函数为对象添加方法的过程中定义了两个行为完全一模一样的函数对象。可是实际上这是没有必要的,既然所有同类型实例的函数都一样,那么只需要定义一个函数,然后所有实例的方法名都指向这个函数就好了。

综上所述,只要把构造函数方式和原型方法混合起来使用,就可以满足需求。即用构造函数方法来为对象添加属性,用原型方法来让所有实例的方法都指向同一个函数对象。

3. 混合方式创建对象

下面该用混合的方法来定义 People 类型,实现如代码清单6-8 所示。

代码清单　6-8

```
var People = function (name, age) {
    this. name = name;
    this. age = age;
};
People. prototype. sayHello = function () {
    console. log("你好,我叫" + this. name);
};
var people1 = new People("XiaoMing", 18);
var people2 = new People("ZhangSan", 20);
people1. sayHello();                          //"你好,我叫 XiaoMing"
people2. sayHello();                          //"你好,我叫 ZhangSan"
console. log( people1. sayHello == people2. sayHello);   //true
```

上述例子中,利用构造函数为对象添加了不同的属性值,利用 prototype(原型)使方法指向了同一个对象。现在实例间的关系如图6-5所示。

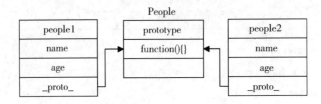

图 6 - 5　混合方式实例间关系

　　使用混合方式创建对象是最为常见的方式,在之后的编程中也会使用这一种方式来创建对象。

6.4　继承

　　在面向对象编程中,继承是一个非常重要的概念。

　　有时候希望一个对象有更多的扩展属性和行为,于是要对这个对象添加更多的属性和行为。但是这个扩展后的对象又具备了之前对象的所有属性和方法,因此通常就称这个扩展后的对象继承于之前的对象。被继承的对象成为父对象,由继承产生的扩展对象称为子对象。

　　下面来举一个例子:

　　人作为对象拥有"名字"和"年龄"等属性,也拥有"跑步"等方法。所有的老师都是人,但是老师除了拥有"跑步"等方法之外,还拥有"教书"的方法,也拥有"职称"的属性。因此老师这个类型是在人类型的基础上扩展而来的,人可以做的事情,老师都可以做,但是老师可以做的事情,人就不一定能做了。

　　下面开始讲述怎么从一个 People 类型继承且产生 Teacher 类型。

6.4.1　对象冒充

　　当需要从父对象中继承所有方法时,可以利用到对象冒充的方法。

　　函数内部有一个 this 的对象,在调用对象的方法时,JavaScript 将自动地把这个对象传给函数的 this 对象。而一个对象的构造函数实质也是一个函数,一个对象的属性在执行这个函数时定义的,因此子对象中的属性可以通过调用父对象的构造函数来对内部的属性进行定义,其方法如下。

```
var People = function (name) {
    this. name = name;
}
```

```
var Student = function (name, age) {
    this. superclass = People;
    this. superclass( name);
    delete this. superclass;
    this. age = age;
}
```

在子对象 Student 的构造函数中,用一个变量引用了父对象构造函数,并且在内部调用该成员方法,由此子对象将 this 对象传入到父对象构造函数的 this 对象中,所以对自身进行了与父对象相同的属性定义操作,继承了父对象构造函数中定义过的属性。之后再用 delete 删除 superclass 的引用,这样以后就不能再调用它。

可以输入以下代码测试。

```
var student = new Student("XiaoMing", 18);
console. log( student. name);                //输出 XiaoMing
```

可以看出,Student 继承了父对象中的 name 属性。

由于这种对象冒充继承方法的流行,在 JavaScript 的第三版中加入了两个方法 call( )和 apply( ),它们的作用能够快速将 this 对象传入到某个函数之中。

6.4.2　call( )和 apply( )方法

在函数内部可以利用 this 来操作对象的属性和方法,只要利用 call( )和 apply( )方法,即可指定一个对象传给函数的 this,并调用此函数。

1. call( )方法

call( )方法接收任意个参数,第一个参数就是指定传给 this 的那个对象,之后的参数指定了传递到函数中的参数,实现如代码清单 6-9 所示。

代码清单　6-9

```
var sayHello = function (arg) {
    console. log( "你好,我叫" + this. name);
    console. log( "传进来的参数是" + arg);
};
var people = {
    name : "XiaoMing"
};
sayHello. call( people, 123);                //"你好,我叫 XiaoMing"
                                             //"传进来的参数是 123"
```

定义了一个sayHello()的函数,函数内部使用this对象的name属性,如果没有传递对象给this,那么将是没有定义的,即显示undefined。但是在上述例子中,利用函数对象的call()方法,把people对象传给了this对象,并在第二个参数中传递数值123。可以看到函数调用时接收到了this对象,并且传进来的arg参数为数值123。

call()方法中第二个参数以后的数据,都是按照着顺序传递到函数参数的。

2. apply()方法

apply()方法接收两个参数,第一个参数就是指定传给this的那个对象,第二个参数指定了要传进去的参数数组,即把所有传给函数参数的数据以数组形式组合起来,实现如代码清单6-10所示。

代码清单　　6-10

```
var sayHello = function (arg1, arg2) {
    console.log("你好,我叫" + this.name);
    console.log("传进来的参数是" + arg1 + "和" + arg2);
};
var people = {
    name : "XiaoMing"
};
sayHello.apply(people, [18, "学生"]);        //"你好,我叫 XiaoMing"
                                            //"传进来的参数是 18 和学生"
```

可见数组中的数据按照顺序依次传递到函数内部的参数中。

3. 调用父对象构造函数

可以利用call()方法和apply()方法,在子对象的构造函数中调用父对象构造函数并把this对象转入到父对象的构造函数中,从而对子对象的对象添加同样的属性,如下例子所示。

```
var People = function (name, age) {
    this.name = name;
    this.age = age;
}
var Student = function (name, age, number) {
    People.call(this, name, age);
    this.number = number;
}
```

以上Student对象构造函数中的代码等价于:

```
function Student (name, age, number) {
```

```
        this. name  =  name;

        this. age  =  age;

        this. number  =  number;

    }
```

效果就相当于把父对象构造函数中的代码复制粘贴到子对象的构造函数当中,下面测试一下结果,实现如代码清单6-11所示。

代码清单　6-11

```
var People  =  function (name, age) {

    this. name  =  name;

    this. age  =  age;

};
var Student  =  function (name, age, number) {

    People. call( this, name, age);

    this. number  =  number;

};
var people  =  new Student("XiaoMing", 18, 12345);
console. log( people. name);          //"XiaoMing"
console. log( people. age);           //18
console. log( people. number);        //12345
```

可见子对象Student的构造函数也能够为对象添加父对象的属性。利用call()和apply()方法,就不需在子对象的构造函数中重新编写父对象中添加属性的代码,减少了代码重复率。

不过问题还没有解决,利用call()和apply()方法只能执行构造函数中的行为,对于在prototype对象中添加的方法,call()和apply()方法对此无能为力。因此利用这种方法无法为子对象添加父对象,为此下面介绍原型链的继承方法。

6.4.3　原型链

原型链的继承方式是实现继承的主要方式。函数对象的prototype对象指向一个对象,这个对象中包含了共享的属性和方法,那么如果把一个构造函数的prototype对象指向了父对象的一个实例,这时候由这个构造函数产生的实例也能共享到父对象实例的属性和方法了。更进一步,再创建另一个子对象构造函数的prototype对象指向着这个对象的实例,那么这个子对象又能共享到父对象的属性和方法以及父父对象(父对象的父对象)的属性和方法。由此层层递进,就构成了实例与原型的链条,即所谓的原型链。

以下是原型链的构成关系,如图6-6所示。

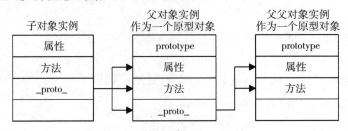

图6-6 原型链构成关系图

下面来利用原型链的方法继承父对象测试实例,实现如代码清单6-12所示。

代码清单 6-12

```
var People = function () {
    this. name = "XiaoMing";
};
People. prototype. sayHello = function () {
    console. log("你好,我叫" + this. name);
};
var Student = function () {};
Student. prototype = new People();

var people = new Student();
people. sayHello();            //"大家好,我叫 XiaoMing"
```

上面的例子中,定义一个Student构造函数,但是这个函数什么都不做,只是把proto-type对象指向了People类型的实例,做法是用new产生一个People的实例并赋值给Student的prototype对象。

然后创建一个Student的实例,并调用对象的sayHello()方法。可见输出结果表明Student类型的实例继承了People的属性和方法。此时的继承关系如图6-7所示。

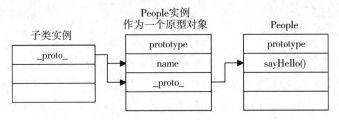

图6-7 继承关系图

相信读者看到继承图以后,都会发现原型链继承中存在的问题。可以看到此时父对象的属性是放在 prototype 对象中继承到子对象实例中的,这种做法就会导致上一节中提到过的问题,即引用类型的属性值被共享而实例间相互影响。所以在继承过程中,需要把两种继承方式结合起来,即用 call() 或 apply() 方法来继承父对象的属性,用原型链方式来继承父对象的方法。

6.4.4 混合方式继承

下面利用混合方式来继承父对象,并且在子对象中添加特有的属性和方法,实现如代码清单 6 - 13 所示。

代码清单　6 - 13

```
var People = function (name) {
    this. name = name;
};
People. prototype. sayHello = function () {
    console. log("你好,我叫" + this. name);
};
var Student = function (name, number) {
    People. call(this, name);
    this. number = number;
};
Student. prototype = new People();
Student. prototype. showNumber = function () {
    console. log("我的学号是" + this. number);
};

var people = new Student("XiaoMing", 123456);
people. sayHello();              //"你好,我叫 XiaoMing"
people. showNumber();        //123456
```

上例的继承关系如图 6 - 8 所示。

上例中,Student 类型的 prototype 对象赋值为父对象 People 实例,并在其后直接添加方法 showNumber() 来展示学号。而在构造函数中先调用父对象的 call() 方法,相当于重新执行父对象构造函数中的添加属性方法,因此添加了同名属性 name 并覆盖掉 prototype 对象中的 name 属性,如图 6 - 9 所示。因此不同实例重新定义自己的属性值,而不是引用 prototype 对象的属性值,相互之间不影响。

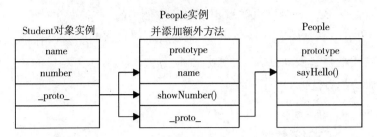

图6-8　继承关系图

利用call()、apply()方法继承属性和原型链继承方法是较为常见的继承方法。当然JavaScript语言还有其他的继承方式,各有优点,各位读者可以自行参考相关资料。而在之后的面向对象编程当中,所使用的是上面这种较为常见的继承方式。

因此在继承关系中一般的派生关系如图6-9所示。

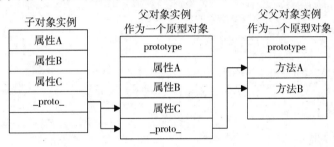

图6-9　派生关系图

6.5　多态性实现

6.5.1　重写父对象方法

除了简单地继承父对象中的方法以外,子对象还可以在继承的原有方法的基础上增添行为,也就是重写父对象中的同名方法。

知道一旦子对象中重写同名方法,那么这个重写方法在子对象中就会覆盖掉父对象的同名方法,那么要怎么做才能保留父对象中的原有属性呢?实现方法是利用call()或apply()方法。

例如,在上述例子的sayHello()方法中,不仅希望能够继承父对象的行为,还希望增添一段介绍学号的行为,看到如下的代码清单,实现如代码清单6-14所示。

代码清单　6 –14

```
var People = function (name) {
    this. name = name;
};
People. prototype. sayHello = function () {
    console. log("大家好, 我叫" + this. name);
};
var Student = function (name, number) {
    People. call( this, name);
    this. number = number;
};
Student. prototype = new People();
Student. prototype. sayHello = function () {
    People. prototype. sayHello. call( this);
    console. log("我的学号是: " + this. number);
};
var student = new Student("XiaoMing", 123456);
student. sayHello();
//"大家好, 我是 XiaoMing"
//"我的学号是: 12346"
```

继承父对象行为的方法是:在函数中再一次调用父对象的同名方法,这样就能够获取到父对象中相同的行为,接下来在下面重新添加子对象自己的行为,这样就可以做到重写父对象方法并且增添父对象的行为。

6.5.2　多态性

在面向对象编程当中,多态性是非常重要的一个特性。它的含义是指:对于许多不同类的对象,它们都有共同的基对象,在调用同名的方法时,它们能够产生各自不同的行为,这就是面向对象中的多态性。

举个简单的例子,人对象 People 和学生对象 Student 都有一个 sayHello() 的方法,而 People 的行为是介绍自己的名字,Student 对象的行为是介绍自己的名字和学号,因此对于同一个方法 sayHello(),对不同对象就会有不同的行为。

可见面向对象的多态性是基于子对象的重写(override)方法的基础上,在上述代码清单 6 –14 基础上增加以下的演示例子,实现如代码清单 6 –15 所示。

代码清单　6-15

```
var People = function (name) {
    this. name = name;
};
People. prototype. sayHello = function () {
    console. log("大家好,我叫" + this. name);
};
var Student = function (name, number) {
    People. call(this, name);
    this. number = number;
};
Student. prototype = new People();
Student. prototype. sayHello = function () {
    People. prototype. sayHello. call(this);
    console. log("我的学号是:" + this. number);
};
var obj = new People("XiaoMing");
obj. sayHello();
//"大家好,我是 XiaoMing"
obj = new Student("ZhangSan", 123456);
obj. sayHello();
//"大家好,我是 ZhangSan"
//"我的学号是:12346"
```

当变量 obj 指向 People 的实例时,那么调用的 sayHello( )方法就是 People 对象的方法;而当 obj 指向 Student 的实例时,那么调用的 sayHello( )方法就指向了子对象 Student 的对应方法,即增添了子对象自己的行为。

其中多态性的关系如图 6-10 所示。

由于在子对象 Student 中重写了 sayHello( )的同名方法,因此 Student 实例对原始 People 原型中的 sayHello( )方法的引用被覆盖,即通过 Student 实例调用 sayHello( )方法时,实际调用的是被重写过的 sayHello( )方法。

而通过 People 实例调用 sayHello( )方法时,调用的还是原始原型中的 sayHello( )方法。因此一个变量指向的对象不同时,调用同名的方法所产生的行为也会有所差异,这也就是面向对象编程中的多态性。

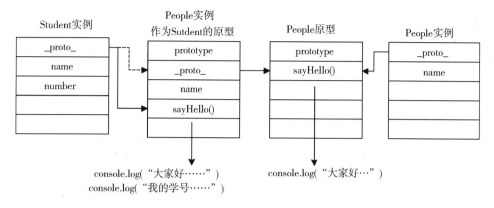

图 6-10 多态性关系图

6.6 小结

在 JavaScript 中有两种创建对象的方法,分别是

❖ 构造函数法

❖ 原型方法

目前通用的继承方式是把两种方式结合起来,利用构造函数法定义对象的属性,利用原型方法定义对象的方法。通过 new 运算符创建对象以后,对象便拥有了自己的一份属性和共享的一套方法。

继承方法中也分为有

❖ 对象冒充

❖ call()和 apply()方法

❖ 原型链

这里同样利用了混合的方式进行继承,利用函数对象的 call()和 apply()方法继承父对象中的属性,利用原型链继承父对象的方法。

子对象可以重写父对象中的同名方法,重写后子对象的方法就指向了另一个方法,所以当对一个父对象的对象和另一个子对象的对象调用同一个方法时,它们的行为会不相同,这也就是面向对象编程中的多态性。

6.7 习题

1. JavaScript 是一种 _____ 对象的编程语言。

2. 对象中的 this 对象指代的是 _____。

3. 一个对象的 constructor 属性指向的是 _____。

4. 下列语句中错误的是_____。

A. 定义一个对象的做法是："var People ＝ function（name）｛｝"。

B. 定义一个对象的做法是："function People（name）｛｝"。

C. 创建一个对象的做法是："var obj ＝ People（"XiaoMing"）"。

D. 创建一个对象的做法是："var obj ＝ new People（"XiaoMing"）"。

5. 以下有关原型 prototype 的叙述中，不正确的是_____。

A. 在原型中定义的方法被所有实例共同引用。

B. 在原型中定义的引用类型的属性值，每个实例各自保存一份，操作互不影响。

C. 在原型中定义的基本类型的属性值，每个实例各自保存一份，操作互不影响。

D. 所有实例都能访问到原型中定义的属性和方法。

6. 下面有关构造函数的说法，错误的是_____。

A. 构造函数也是一个函数对象。

B. 构造函数内部有 this 对象，非构造函数的内部没有 this 对象。

C. 调用父对象构造函数可以调用函数对象的方法 call（）和 apply（）。

D. 调用父对象构造函数只能继承在构造函数中定义的属性和方法，而原型定义的属性和方法则没有继承下来。

7. 有两个对象 A 和 B，若要令 B 对象继承于 A 对象，那么以下的语句正确的是_____。

A. B. prototype ＝ A（）。

B. B. prototype ＝ new A（）。

C. B. constructor ＝ A（）。

D. B. constructor ＝ new A（）。

8. 两个对象 A 和 B，其中 A 对象是 B 对象的父对象，那么以下结果输出正确的是_____。

A. A instanceof Object 为 false。

B. A instanceof B 为 true。

C. typeof A 为 object。

D. B instanceof A 为 true。

第二部分

第7章　Canvas 基本功能

HTML5 中最令人振奋的新特性莫过于加入了 < canvas > 这个新的元素,这个元素支持直接在浏览器上绘制图形。结合浏览器的其他功能,可以实现特色的动画和交互设计。本章开始介绍 Canvas(画布)的基本绘制功能。

7.1　< canvas > 元素

在开始之前,先看一下画布上的显示"Hello World",实现如代码清单 7 - 1 所示。

代码清单　　7 - 1

```
<! DOCTYPE HTML >
< HTML >
< head >
    < title >canvas 元素 </title >
</head >
< body >
< canvas id = "myCanvas" width = "200" height = "200" style = "border: solid" >
    你的浏览器不支持 canvas 画布元素,请更新浏览器获得演示效果.
</canvas >
< script type = "text/javascript" >
    var canvas = document. getElementById("myCanvas");
    var context = canvas. getContext("2d");
    context. font = "30px Arial";
    context. fillText("Hello World! ", 10, 100);
    context. lineWidth = 3;
    context. moveTo(10, 110);
    context. lineTo(180, 110);
    context. stroke();
</script >
```

```
</body >
</HTML >
```

上述例子效果图如图 7 – 1 所示。

Hello World!

图 7 – 1　画布上的"Hello World"

7.1.1　引入 < canvas > 元素

要在网页中使用画布进行作图,第一步首先要引入 < canvas > 元素,并设置其显示大小。因此在 < body > 元素间加入一块画布:

```
< canvas id = "myCanvas" width = "200" height = "200" >
    你的浏览器不支持 canvas 画布元素,请更新浏览器获得演示效果。
< canvas >
```

在 < canvas > 元素内设置了宽度和高度值,即 width = "200" 和 height = "200"。另外还在元素中设置了一个属性"id",这个属性值为在之后的 JavaScript 代码中获取画布元素提供了标记,只有获取了画布才能对画布进行操作。

读者可以看到例子中的 canvas 元素中还有一个设置: style = "border:solid",这个设置属于网站的级联样式表(CSS),在这里设置的目的是为了把画布的边界显示出来,如图 7 – 1 中的黑框。这样就能够看清画布在浏览器中的占据范围。

在 < canvas > 元素之间可以添加文字,如果浏览器不支持 canvas 元素,那么将会显示这段提醒文字,告知浏览器用户这里是画布元素。目前各大浏览器对 canvas 元素的支持度都很好,除非一些老式浏览器,否则都能够正常显示 canvas 元素中的内容。

7.1.2　获取上下文

引入 < canvas > 元素后,要在 JavaScript 代码中设法获取到这个元素对象,对其进行操作。现在可以利用之前设置的属性"id"获取到 canvas 元素对象:

```
var canvas = document. getElementById( "myCanvas" ) ;
```

上面的语句中,或许读者对 document 对象不熟悉。这里的 document 对象指的是 HTML中的文档对象模型(DOM),读者可以参见"基本概念"一章中的相关内容。也就是说,JavaScript 把 HTML 上的内容看成是一个对象,可以利用对象上的方法来访问到文档中的任意节点并操作它们。

所以上面的语句是利用 document 对象的 getElementById( )方法,通过预先设置好的属性"id"来获取对应的元素对象,而这个"myCanvas"就是引入的 canvas 元素。

现在变量 canvas 已经保存了 canvas 元素对象的引用,可以对这个元素进行不同的操作,可以通过 width 和 height 属性修改画布的宽度和高度,或者通过 CSS 修改它的样式。

不过要在这块画布上绘图,还需要一些额外的操作,就是获取绘图上下文(context),方法就是调用元素对象 canvas 的 getContext( )方法,并传入上下文的名字来获取相应的上下文对象。

```
var context = canvas. getContext( "2d" ) ;
```

不少初学者对此有疑问:为什么不是直接对 canvas 元素进行绘图操作,而是还要获取上下文内容? 打个比方,你获得了一本绘图本,但是还不能进行绘画,还需要获得一套绘图工具和懂得绘图的方法,这样才能在绘图本上作画。这里的绘图本就是 canvas 元素,绘图工具和方法就是上下文(context)对象,上下文对象包含了绘图需要的方法和属性,通过调用其中的方法来对 canvas 进行绘图。

通过方法 getContext( )传入一个字符串"2d"获取其中的 2D 上下文,可以看到 canvas 元素还支持 3D 绘图的功能(如 WebGL),这里只讲述 2D 上下文的绘图方法。

可以用一个变量 context 保存对这个 2D 上下文的引用,这个上下文对象包含了绘图的属性,如颜色、字体、线宽等,以及包含了一套绘图的方法,如画线、画圆和描述文字。在例子中改变了字体属性 context. font,还有利用描绘文字和画线的方法来呈现绘图的效果。

下面将详细介绍 2D 上下文中包含的属性和绘图方法。

7.2 绘制简单图形

7.2.1 绘制直线

在纸上绘图步骤应该是:先确定要画什么,在脑中描绘出要绘制的轮廓,然后才会动手把想象中的画面绘制在纸上。而在 canvas 上的绘图也有相似的步骤。

❖ 绘制指定的绘图路径。

❖ 按照绘图路径对画布进行描边,或者对路径包围的区域进行填充。

因此在开始绘图之前,首先获取画布的上下文对象 context。然后,开始调用绘图方法,把要绘制的线段或图形绘制下来。不过这时候还看不到绘图结果,因为上面的步骤只是构建绘图路径,那么路径确定以后,还要用"笔"把它们画下来,这时候就要利用 stroke()方法来描边或者利用 fill()方法来填充区域。

绘制任何线段之前,都先要选定一个线段的起点,通常这个起点称作绘图游标。移动绘图游标可以调用 moveTo(x, y)方法,这方法接收两个参数,分别是游标的横坐标和纵坐标,默认情况下绘图游标在原点位置(0,0)。

然后调用 lineTo(x, y)方法,从当前游标位置绘制一条线段到指定位置,这个方法接收的两个参数就是指定位置的横坐标和纵坐标。

最后调用 stroke()方法,沿着刚刚的线段描绘一条直线出来,实现代码如代码清单 7-2所示(其中只保留 JavaScript 代码,完整 HTML 文档可以见代码清单)。

代码清单　7-2

```javascript
var canvas = document.getElementById("myCanvas");

var context = canvas.getContext("2d");

context.moveTo(10, 10);

context.lineTo(180, 90);

context.stroke();
```

效果如图 7-2 所示:

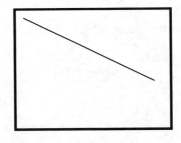

图 7-2　线段

从点(10,10)开始向点(180,90)画一条线段,其实读者可以发现画布的坐标系与数学的坐标系有点不一样。画布的坐标系是以左上角为坐标原点的,x 正方向往右,y 正方向往下,如图 7-3 所示。

看完例子读者是不是觉得在画布上的绘图也是一件很简单的事情?下面将介绍更多的绘图方法和绘图中的属性。

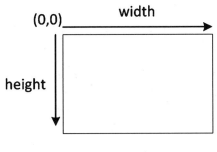

图 7-3　画布坐标系

7.2.2　线条属性

可以设置上下文中的线条属性,使描绘的线段有不同的样式。在绘图中关于线型的属性一共有 5 种,分别是:线颜色、线宽度、线帽样式、线连接处样式、斜率限制和线型(lineDash)。

1. 线颜色 strokeStyle

属性 strokeStyle 控制描边的线条颜色,应该在绘图之前先设置好描边颜色,那么之后绘制的所有线条都是设置过的颜色,直到再次改变线条颜色。其值可以是 CSS 颜色字串,也可以是 CanvasGradient 或者 CanvasPattern 对象,非法的值将被忽略。

CSS 中的颜色表示可以是" #FFF "、" #FFFFFF "、"rgb(255,255,255,1)"和字符串形式。

第一种表示方式中,每一个字符分别表示红、绿、蓝的程度,可见十六进制中一种颜色有 16 色。

第二种表示方式中,每两个字符表示颜色程度,可见有 256 种颜色,颜色丰富很多。

第三种方式除了 RGB 颜色外还带有一个透明度 alpha,范围是 0 到 1,1 表示保持不透明度,0 表示完全透明。

第四种方式就是用字符串来表示颜色,有"red"、"blue"等。

数值越大表明颜色成分越多,若 3 个颜色成分都是 0,那么表示黑色,若 3 个成分都为最大值,那么表示白色。以下 4 种设置方法都表示红色。

```
context.strokeStyle = "#F00";
context.strokeStyle = "#FF0000";
context.strokeStyle = "rgba(255, 0, 0, 1)";
context.strokeStyle = "red";
```

2. 线宽度 lineWidth

属性 lineWidth 表示线条的宽度,单位是像素,默认值是 1。

context. lineWidth = 3;

上面的语句把线宽设置为3。

3. 线帽样式 lineCap

属性 lineCap 表示的是线段末端的样式,一共有 3 种不同样式,分别是"butt"、"round"、"square"。设置方法如下。

context. lineCap = "butt";

context. lineCap = "round";

context. lineCap = "square";

3 种不同线帽样式效果如图 7-4 所示。

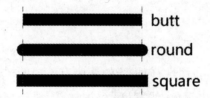

图 7-4　3 种线帽样式

❖　butt 样式,每根线的头端和尾端都是长方形,也就是不做任何的处理,为默认值。

❖　round 样式,每根线的头和尾都增加一个半圆,可见图中比 buff 样式额外突出一个半圆。

❖　square 样式,每根线的头和尾都增加一个长方形,突出长度为线宽一半,高度保持为线宽。

如果线条的线宽较小,那么可能看不出区别,上图是把线宽设置为 15 的效果。

4. 线连接处样式 lineJoin

lineJoin 设置线段在拐弯处的连接样式,即在线段拐弯处呈现的样式,共有 3 种不同样式,分别是"miter"、"round"、"bevel"。设置方法如下。

context. lineJoin = "miter";

context. lineJoin = "round";

context. lineJoin = "bevel";

3 种不同连接处样式效果如图 7-5 所示。

图 7-5　3 种线段连接样式

❖　miter 样式,线段在连接处外侧延伸直至交于一点,为默认值,外延效果受 miterLimit 属性值影响,当外延交点距离大于限制值时,则表现为 bevel 风格,下文会介绍 miterLimit。

❖　round 样式,连接处是一个圆角,圆的半径等于线宽一半。

❖　bevel 样式,连接处为斜角,斜角的角度与两直线夹角相同。

同样在线宽较小时可能看不出效果。

5. 斜率限制 miterLimit

lineJoin 属性为"miter"时的效果受到 miterLimit 属性影响,miterLimit 默认值为 10,即外侧延伸时两条线交汇处内角和外角之间的距离。如图 7-6 所示。

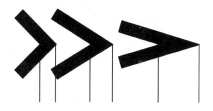

图 7-6　斜接长度

图中两直线间便是所谓的斜接长度,而设置的属性 miterLimit 就是斜接长度限制,一旦实际长度大于所设限制值时,连接效果便会变成 bevel 样式。

6. 线型(lineDash)

线型(lineDash)设置线条的虚实样式,其中的实线段和空白段的比例可以由来设置。通过 setLineDash( )方法来设置线型,这个方法接收一个数组作为参数,数组的元素为实线段的长度和空白段的长度,单位为像素 px。设置方法

context. setLineDash(segments) ;

表 7-1 列出不同数组元素组合而形成的线型。

表 7-1　线型样式

数组组合	线　　　型
[10, 5]	
[5, 5]	
[10, 5, 5, 5]	
[2, 2]	

可以随意组合出想要的线型。

以上第一组线型中,数组[10,5]表示的是 10 个像素的实线和 5 个像素的空白段重复拼凑而组合成的线型。同理,[5,5]表示的是 5 个像素的实线和 5 个像素的空白段组合成线段。而[10,5,5,5]则以 10 个像素的实线和 5 像素空白和 5 像素实线和 5 像素空白为

一个周期组成一条线型。

不过在这里提醒读者一下,这个函数对浏览器的支持不太完善,用 Google 浏览器和 FireFox 测试了一下,只有 Google 浏览器支持该函数,而 FireFox 则出现错误。

7.2.3 闭合图形

可以调用 closePtah( )方法把绘制的路径闭合起来,也就是说把路径的最后一点与最开始的一点连接起来,使之形成一个闭合的路径,实现如代码清单 7-3 所示。

代码清单 7-3

```
var canvas = document. getElementById("myCanvas");
var context = canvas. getContext("2d");
context. beginPath();
context. moveTo(10, 10);
context. lineTo(180, 90);
context. lineTo(20, 80);
context. closePath();
context. stroke();
```

效果如图 7-7 所示。

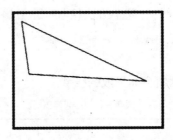

图 7-7 闭合图形

在例子中连续使用了两个 lineTo( )方法,从第一段线段的终点开始绘制到下一点,即绘图游标会跟随着绘图函数所移动。只画了两段线段,但是最后调用 closePath( )方法把头尾两点闭合起来,所以效果就成了一个三角形。

这里需要提一点的是:如果只有一条线段,那么 closePath( )方法什么也不做。

对于一个闭合图形,可以调用 fill( )方法填充图形所包围的区域,默认的填充颜色为黑色,但是可以通过 fillStyle 属性修改到指定颜色值。下面用 fill( )方法填充上述例子中的三角形,实现代码如代码清单 7-4 所示。

代码清单　7-4

```
var canvas = document.getElementById("myCanvas");
var context = canvas.getContext("2d");
context.beginPath();
context.moveTo(10, 10);
context.lineTo(180, 90);
context.lineTo(20, 80);
context.closePath();
context.fill();
```

效果如图 7-8 所示。

图 7-8　填充效果图

可以看到只是把代码的 stroke() 方法改成了 fill() 方法,即把描边改成了填充。当然可以同时调用这两个方法,配合不同的描边颜色和填充颜色,会有良好的视觉效果。

不过对于填充方法 fill() 来说,即使不调用 closePath() 方法也可以调用成功,fill() 方法会按照路径闭合后的结果来填充包围的区域。如果路径只是一条线段,那么 fill() 方法也没有效果。

fillStyle 属性值跟 strokeStyle 属性值一致,可以是 CSS 颜色字串,也可以是 CanvasGradient 或者 CanvasPattern 对象,其中 CanvasGradient 或者 CanvasPattern 对象将于 "Canvas 高级功能" 一章中讲述。

7.2.4　绘制矩形

画布提供了一个方法来快速绘制矩形路径,即 rect(x, y, width, height) 方法。这个方法接收 4 个参数,前两个为矩形左上角的位置;其后两个参数分别为宽度和高度。实现如代码清单 7-5 所示。

代码清单　7-5

```
var canvas = document.getElementById("myCanvas");
var context = canvas.getContext("2d");
context.lineWidth = 2;
context.rect(20, 20, 150, 80);
context.stroke();
```

效果如图7-9所示。

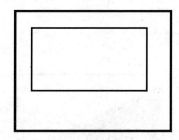

图7-9　矩形

如果把stroke()方法替换为fill()方法,那么效果就是填充矩形包围的区域。

除此以外,画布还提供了两个便捷的方法来描边矩形和填充矩形,那就是strokeRect(x, y, width, height)和fillRect(x, y, width, height)方法,这两个方法接收的参数与rect()方法一样。它们的效果分别为

strokeRect(x, y, width, height)的效果等价于

```
context.rect(x, y, width, height);
context.stroke();
```

fillRect(x, y, width, height)的效果等价于

```
context.rect(x, y, width, height);
context.fill();
```

实现如代码清单7-6所示。

代码清单　7-6

```
var canvas = document.getElementById("myCanvas");
var context = canvas.getContext("2d");
context.lineWidth = 2;
context.strokeRect(20, 20, 60, 80);
context.fillRect(100, 20, 60, 80);
```

效果如图7-10所示。

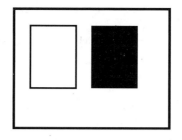

图7-10 描边和填充矩形

这里还介绍一个 clearRect(x, y, width, height) 的方法,不过这个方法并不是绘制矩形,而是擦除一个矩形区域。参数含义与其他矩形方法一致。这个方法会擦除指定矩形区域中的所有像素,使画布变回原始状态(即透明黑状态),实现如代码清单7-7所示。

代码清单 7-7

```
var canvas = document.getElementById("myCanvas");
var context = canvas.getContext("2d");
context.fillRect(30, 30, 150, 100);
context.clearRect(50, 50, 80, 50);
context.stroke();
```

效果如图7-11所示。

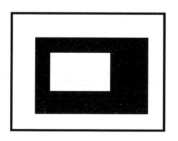

图7-11 擦除矩形区域

先填充一个矩形,然后在矩形内部再擦除一个矩形区域。这里要提一下的是:画布的原始状态为透明黑,即黑色且完全透明,所以看不见黑色,只能看到网页文档的背景色(白色)。因此如果使用方法检测画布的颜色,返回的结果将是黑色,而不是白色。

7.2.5 绘制圆弧

不仅可以绘制直线的图形,还可以使用方法 arc(x, y, radius, startAngle, endAngle, anticlockwise)来绘制一个圆弧。其中 x、y 参数是圆弧中心坐标,radius 是圆弧的半径,startAngle 和 endAngle 是圆弧的起始角度和终止角度,其中角度单位是弧度制。最后一个参数 anticlockwise 表示圆弧的绘制方向,false 表示顺时针方向绘制,true 表示逆时针方向绘制,省略情况下为顺时针方向绘制。

绘制圆弧的实现如代码清单 7 - 8 所示。

代码清单　7 - 8

```
var canvas = document. getElementById( "myCanvas" );
var context = canvas. getContext( "2d" );
context. lineWidth = 2;
var degToRad = Math. PI / 180;
context. arc( 100, 70, 50, 0, 90 * degToRad, true);
context. stroke( );
```

绘图效果如图 7 - 12 所示。

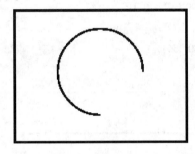

图 7 - 12　绘制圆弧

最后传入 true 表示圆弧按着逆时针方向绘制。可见所谓的起始和终止角度就是与 x 轴正方向的夹角,并且角度以顺时针方向增大。

如果想要绘制一个圆形,那么只要把起始角度和终止角度之差设置为 360 度的倍数即可。

绘制一个圆形的实现如代码清单 7 - 9 所示。

代码清单　7 - 9

```
var canvas = document. getElementById( "myCanvas" );
var context = canvas. getContext( "2d" );
context. lineWidth = 2;
var degToRad = Math. PI / 180;
context. arc( 100, 70, 50, 0, 360 * degToRad, true);
context. stroke( );
```

绘图效果如下图 7-13 所示。

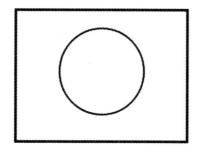

图 7-13　圆形

下面来思考以下两种情况：

❖　如果绘制圆弧之后，调用方法 closePath( ) 闭合路径，结果会怎样？

❖　如果绘制圆弧之后，调用方法 fill( ) 填充圆弧，结果会怎样？

下面来测试一下结果，实现如代码清单 7-10 所示。

代码清单　7-10

```
var canvas = document.getElementById("myCanvas");
var context = canvas.getContext("2d");
var degToRad = Math.PI / 180;
context.lineWidth = 2;
context.beginPath();
context.arc(60, 70, 50, 0, 135 * degToRad, true);
context.closePath();
context.stroke();


context.beginPath();
context.arc(180, 70, 50, 0, 135 * degToRad, true);
context.fill();
```

效果如下图 7-14 所示。

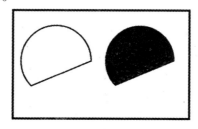

图 7-14　closePath( ) 和 fill( ) 效果

可见 closePath( )方法只是把头尾两点连接起来,并不会自动补充圆弧。同样地 fill( )方法填充的是头尾相连后的闭合图形,并不是一个圆。

7.2.6 贝塞尔曲线

在数学中,贝赛尔曲线(Bezier curve)是电脑图形学中相当重要的参数曲线。在画布中可以通过两个方法来绘制贝塞尔曲线,分别是二次贝塞尔曲线 quadraticCurveTo(controlx,controly, x, y)和三次贝塞尔曲线 bezierCurveTo(controlx1, controly1, controlx2, controly2,x, y),它们的区别主要在于控制点数目不同。

1. 二次贝塞尔曲线

贝塞尔曲线都通过控制点来控制它们的弯曲程度,其中的关系是由贝塞尔方程来确定的,这里只讨论它们的绘制方法。

quadraticCurveTo(controlx, controly, x, y)方法接收 4 个参数,前两个是曲线的控制点;后两个是曲线的终止点。曲线只经过绘图起点和终止点,且曲线的弯曲方式和程度受控制点影响。

二次贝塞尔曲线实现如代码清单 7 – 11 所示。

代码清单　7 – 11

```
var canvas = document. getElementById( "myCanvas");
var context = canvas. getContext( "2d");
context. lineWidth = 2;
context. moveTo(30, 30);
context. quadraticCurveTo(30, 120, 170, 80);
context. stroke( );
```

效果如下图 7 – 15(a)所示。

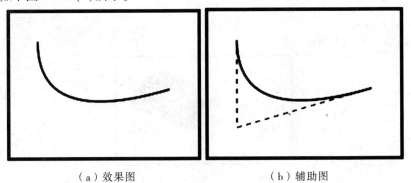

　　（a）效果图　　　　　　　　　　（b）辅助图

图 7 – 15　二次贝塞尔曲线

图 7 – 15(b)中用虚线表示出起点与控制点以及终点与控制点的连线。

2. 三次贝塞尔曲线

bezierCurveTo(controlx1, controly1, controlx2, controly2, x, y)方法接收 6 个参数,前四个是曲线的两个控制点;后两个是曲线的终止点。三次贝塞尔曲线的弯曲程序受两个控制点影响。

三次贝塞尔曲线的实现如代码清单 7 – 12 所示。

代码清单　7 – 12

```
var canvas = document.getElementById("myCanvas");
var context = canvas.getContext("2d");
context.lineWidth = 2;
context.moveTo(30, 30);
context.bezierCurveTo(30, 120, 170, 20, 170, 110);
context.stroke();
```

效果如下图 7 – 16(a)所示。

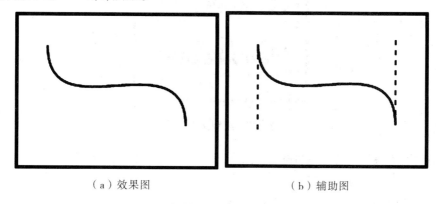

（a）效果图　　　　　　　　　　（b）辅助图

图 7 – 16　三次贝塞尔曲线

图 7 – 16(b)中用虚线表示出起点与控制点 1 以及终点与控制点 2 的连线。

7.3　绘制文本

7.3.1　绘制文本

绘制文本主要有两个方法,分别是 fillText(text,x,y,maxWidth)和 strokeText(text,x,y, maxWidth),这两个方法都接收4个参数,其中第一个参数为要显示的文本,x、y代表文本显示的位置。最后一个参数可选,表示文本的最大宽度,如果文本超出这个宽度,那么就会横向压缩到指定宽度。

fillText()和strokeText()方法的区别在于,前者填充文字,后者对文字进行描边,不填充内部区域,实现如代码清单7-13所示。

代码清单 7-13

```
var canvas = document. getElementById("myCanvas");

var context = canvas. getContext("2d");

context. font = "30px Arial";

context. strokeText("Hello World!", 20, 50);

context. fillText("Hello World!", 20, 110);
```

效果如下图7-17所示。

图7-17 绘制文本效果图

如果设置了最后一个参数,那么文本宽度可能会受到压缩,实现如代码清单7-14所示。

代码清单 7-14

```
var canvas = document. getElementById("myCanvas");

var context = canvas. getContext("2d");

context. font = "30px Arial";

context. fillText("Hello", 20, 40, 100);

context. fillText("Hello World!", 20, 80, 100);

context. fillText("Hello World!", 20, 120);
```

效果如下图7-18所示。

上述例子中,文本"Hello"宽度不超过最大宽度值因此能够正常显示,而第二行的文本"Hello World!"总长度超出了设置的最大宽度,因此文本横向压缩至最大宽度。

图 7 - 18　最大宽度

7.3.2　文本属性

可以对文本设置文本字体、大小、倾斜或者粗体的样式进行修改,而这些都是通过修改文本属性来达到的。

1. 文本字体和文本大小

可以看到上述的例子中已经出现过文本属性修改的语句。文本字体和大小通过 font 属性修改,这个属性用 CSS 中格式修改,其基本格式是"字体大小 + 字体名称"。在例子中,把字体大小修改为 30px(像素),字体为 Arial,因此有如下语句。

context. font ＝ "30px Arial";

其中字体大小和字体名称用空格隔开。画布中默认字体大小为 10px,字体为电脑系统默认字体。如果格式不合法或者字体名称不存在,那么属性修改失败。

文本字体和文本大小的实现如代码清单 7 - 15 所示。

代码清单　7 - 15

```
var canvas  = document. getElementById( "myCanvas");

var context  = canvas. getContext( "2d");

context. font  = "30px 宋体";

context. fillText( "Hello World! ", 20, 30);

context. font  = "30px 微软雅黑";

context. fillText( "Hello World! ", 20, 70);

context. font  = "20px";                //缺少字体名称,格式不合法,修改失败

context. fillText( "Hello World! ", 20, 110);
```

效果如图 7 - 19 所示。

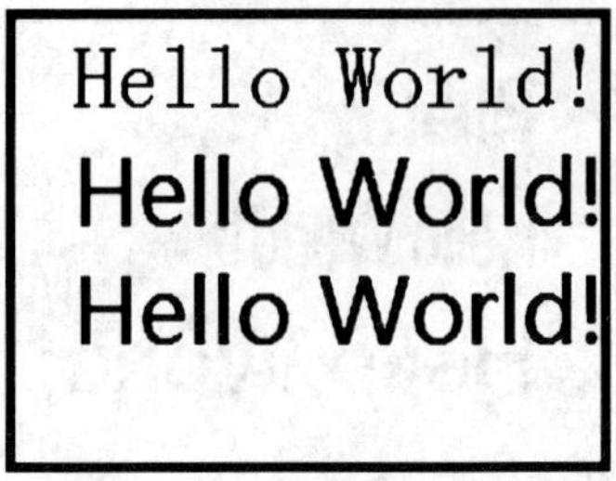

Hello World!

Hello World!

Hello World!

图7-19　字体属性修改

2. 文本粗细和文本倾斜

font属性中,除了字体大小和字体名称外,还可以加入其他属性值,如指定文本粗细。文本粗细有4个属性值:normal(正常)、bold(粗体)、bolder(加粗体)和lighter(柔细)。也可以使用数字来直接设置,如下所示。

```
context. font  = "bold 30px Arial";
```

```
context. font  = "400 30px Arial";
```

也可以使文本呈现倾斜的样式,文本倾斜有3个属性值:normal、italic和oblique,其中后两个能够让字体倾斜,不过其中的区别有点微妙,其中italic是指文本的倾斜体,oblique指倾斜的文字。不作深究,一般来说这两个属性的效果都是一样的。设置方法如下。

```
context. font  = "italic 30px Arial";
```

当然也可以同时设置粗细和倾斜,这两个属性值的摆放位置任意,可以放在字体大小前,或者字体名称后,不过不能放在字体大小和字体名称之间,否则不合法。

下面来测试一下以上的属性值,实现如代码清单7-16所示。

代码清单　7-16

```
var canvas = document. getElementById("myCanvas");

var context = canvas. getContext("2d");

context. font  = "30px Arial";

context. fillText("Hello World! ", 20, 30);


context. font  = "bold 30px Arial";

context. fillText("Hello World! (bold)", 20, 70);


context. font  = "italic 30px Arial";

context. fillText("Hello World! (italic)", 20, 110);


context. font  = "oblique 30px Arial";

context. fillText("Hello World! (oblique)", 20, 150);
```

```
context.font = "600 italic 30px Arial";
context.fillText("Hello World! (600 italic)", 20, 190);
```

效果如图 7 - 20 所示。

Hello World!

Hello World!(bold)

Hello World!(italic)

Hello World!(oblique)

Hello World!(600 italic)

图 7 - 20　字体粗细和字体倾斜

3. 文本对齐方式

还能够修改文本的对齐方式,其中包括了属性 textAlign 和 textBaseline。前者修改文本的对齐方式;后者修改文本的对齐基线。

textAlign 属性有属性值:start、end、left、right 和 center。下面通过例子来呈现它们的对齐方式,实现如代码清单 7 - 17 所示。

代码清单　7 - 17

```
var canvas = document.getElementById("myCanvas");
var context = canvas.getContext("2d");
context.lineWidth = 2;
context.beginPath();
context.moveTo(170, 10);
context.lineTo(170, 230);
context.stroke();

context.font = "30px Arial";
context.textAlign = "start";
context.fillText("Hello World!", 170, 50);

context.textAlign = "end";
context.fillText("Hello World!", 170, 90);

context.textAlign = "left";
context.fillText("Hello World!", 170, 130);
```

```
context. textAlign  = "right";
context. fillText("Hello World!", 170, 170);


context. textAlign  = "center";
context. fillText("Hello World!", 170, 210);
```

效果如图 7 –21 所示。

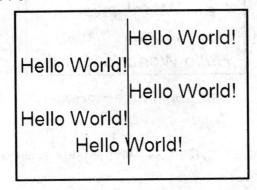

图7 –21　文本对齐方式

从例子中可以看到属性值"start"与"left"以及"end"与"right"效果一样,不过实际上它们是有区别的。"start"和"end"的效果显示与文字的阅读方向相关,一些国家是从右向左阅读,那么此时 start 对应着右边,end 对应着左边。而"left"和"right"始终是指文本的左右方向,与阅读方向无关。

textBaseline 属性有属性值:alphabetic、top、bottom、middle、hanging 和 ideographic。下面通过例子来呈现它们的对齐方式,实现如代码清单7 –18 所示。

代码清单　　7 –18

```
var canvas = document. getElementById("myCanvas");
var context = canvas. getContext("2d");
context. lineWidth  = 2;
context. beginPath();
context. moveTo(10, 50);
context. lineTo(390, 50);
context. moveTo(10, 120);
context. lineTo(390, 120);
context. moveTo(10, 190);
context. lineTo(390, 190);
context. stroke();
```

```
context. font = "30px Arial";
context. textBaseline = "bottom";
context. fillText("Hello World!", 20, 50);
context. textBaseline = "top";
context. fillText("Hello World!", 220, 50);
context. textBaseline = "ideographic";
context. fillText("Hello World!", 20, 120);
context. textBaseline = "hanging";
context. fillText("Hello World!", 220, 120);
context. textBaseline = "alphabetic";
context. fillText("Hello World!", 20, 190);
context. textBaseline = "middle";
context. fillText("Hello World!", 220, 190);
```

显示效果如下图 7 - 22 所示。

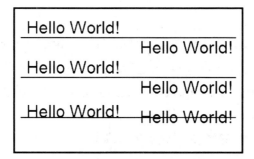

图 7 - 22　文本对齐基线

7.3.3　测量文本宽度

2D 上下文提供了一个方法来测定当前文本属性及文本的宽度大小。这个方法就是 measureText(text)，该方法接收一个参数 text，代表要测量的文本。这个方法返回的是一个对象，目前这个对象只有 width 属性，在将来还会增加更多度量属性。

这个返回对象的属性值 width 随着当前上下文的文本属性改变而改变，实现如代码清单 7 - 19 所示。

```
var canvas = document. getElementById( "myCanvas");
var context = canvas. getContext( "2d");
context. font = "30px Arial";
var metrics1 = context. measureText( "Hello World! ");
console. log( metrics1. width);          //165

context. font = "40px 宋体";
var metrics2 = context. measureText( "Hello World! ");
console. log( metrics2. width);          //240
```

7.4　小结

本章介绍了画布 canvas 的基本功能,也是最常用的功能。使用画布 canvas 的步骤为:

1、先在网页文档中设置 <canvas> 元素标签,预留一个位置给画布绘图。

2、在 JavaScript 代码中获取 <canvas> 标签的引用,以其获取画布上下文。

3、设置线条、绘图的属性,包括有线宽和填充颜色等。

4、在上下文中绘制图形路径,最后进行描线或者填充。

画布中支持的基本图形有:直线、圆弧、矩形和贝赛尔曲线。利用这些基本图形可以绘制出不同形状。除了绘图以外,画布中还能够绘制文字,其中的步骤与绘图相同。

7.5　习题

1. 任意写出 4 种画布中的线条属性。

2. 以下用于设置颜色的字符串中,错误的是:

A. "#FF0"

B. "#F0F0F0"

C. "rgb(255,0,0)"

D. "blue"

3. 线帽样式 lineCap 属性,不能设置以下哪个值?

A. "butt"

B. "round"

C. "square"

D. "miter"

4. 上下文对象的方法 closePath( )用于:

A. 关闭绘图功能

B. 绘制线条

C. 填充闭合路径

D. 闭合路径

5. 语句"ctx. rect(0,0,30,30);ctx. fill( );"等价于语句 _____。

6. 方法 clearRect( )的作用是 _____。

7. 如果需要以点(30,30)为圆心,顺时针绘制一个半径为 8 的圆,调用的绘图语句是: _____。

8. 可以用于绘制文字的是哪两个方法? _____ 和 _____。

9. 以下字符串中,能够用于设置文本字体和大小的是(即 font 属性的值)?

A. "30px"

B. "30 Arial"

C. "30px Arial"

D. "Arial"

10. 编写程序,在画布上绘制一个正六边形(提示:利用循环语句和 Math 对象提供的方法)。

11. 编写程序,在画布上绘制一个奥运五环,并且为它们设置成对应的颜色。

第8章　Canvas 高级功能

本章开始讲解 canvas 中的高级功能,尽管基本功能已经可以应付大多数的绘图工作,但是如果要添加更多绘图效果,就需要用到这一章中所提到的功能。这一章中提供了更多的绘图方法,包括图像图形的绘制、颜色渐变、平移旋转效果、添加填充花样和增加阴影效果等。

8.1　绘制图像

如果想绘制图像到画布中,可以使用画布提供的 drawImage()方法,它可以让指定的图像显示到画布上。

这个方法有 3 种不同的参数组合,分别按照给定的参数绘制图像。先来看第一种最简单的调用方式

context. drawImage(image, dx, dy)

第一个参数 image 表示是图像对象,它可以是 HTMLImageElement、HTMLCanvasElement 和 HTMLVideoElement 中的任一个对象。后两个参数指定了图像在画布中的显示位置,即图像左上角在画布中的位置。

下面来看一下怎么绘制图像,实现如代码清单 8 - 1 所示。

代码清单　　8 - 1

```
var canvas = document. getElementById( "myCanvas" );

var context = canvas. getContext( "2d" );

var image = new Image( );

image. src = "鱼. png";

image. onload = function ( ) {

        context. drawImage( image, 50, 50 );

}
```

效果如图 8 - 1 所示。

图 8 - 1　绘制图像

代码中创建了一个 image 对象,并且使这个对象的 src 属性设置图像名字的字符串,因此现在 image 就代表绘制的对象。在代码中并没有直接使用 drawImage( )方法绘制图像,而是在 image 对象的 onload( )方法中调用。因为在加载完 HTML 文档后,图像需要一段时间加载到网页中,如果没有加载完图像就调用 drawImage( ),那么不会有效果。而当 image 对象加载完毕后,程序会自动调用其中的 onload( )方法,所以利用这个特性把绘制图像的方法放在 onload( )函数中,图像加载完就马上绘制图像到画布上。

第二种参数组合可接收 5 个参数,如下所示。

context. drawImage(image, dx, dy, dw, dh)

上述这种参数组合在最后多了 dw 和 dh 参数,分别指定要显示图像的宽度和长度。如果图像的实际宽度或长度不等于这个设定值,那么会先缩放图片至指定大小,然后再绘制到画布上。

第三种参数组合可以接收 9 个参数,如下所示。

context. drawImage(image, sx, sy, sw, sh, dx, dy, dw, dh)

其中参数 sx 和 sy 代表源图像中的 x 坐标和 y 坐标,sw 和 sh 代表源图像的宽度和高度。以上这 4 个参数指定了要截取源图像内部的一部分来绘制到画布上。后 4 个参数跟前面一样,指定图像在画布上的位置和显示大小,源大小与指定大小不一样,会进行缩放处理。

有关图像绘制的例子的实现如代码清单 8 - 2 所示。

代码清单　8 - 2

```
var canvas = document. getElementById("myCanvas");

var context = canvas. getContext("2d");

var image = new Image();

image. src = "鱼. png";

image. onload = function () {
    context. drawImage(image, 10, 10, 150, 150);
    context. drawImage(image, 30, 30, 100, 100, 210, 10, 150, 150);
}
```

效果如图 8-2 所示。

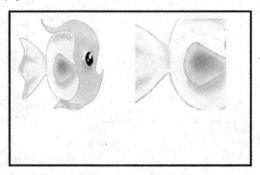

图 8-2　效果演示

8.2　像素级操作

可以把操作落实画布中的每一个像素上,也就是像素级的操作。HTML5 画布提供了 3 个像素级操作的方法,分别是 createImageData( )创建像素对象,getImageData( )获取画布中的像素对象和 putImageData( )把像素对象放入到画布中。

3.2.1　像素对象

像素级操作中都涉及一个像素对象,这个对象有 3 个属性值,分别是 width、height 和一个 data。前两个表示这个像素对象的宽度和高度,第三个属性是一个数组,这个数组保存了每一位像素中的 RGB 值和透明度 alpha,因此数组长度有 width × height × 4 个,而表示的像素顺序是从左到右、从上到下,按行存储。

因此如果想要一块像素变为透明黑,只需要把像素块中的所有像素 RGB 改到 0 即可,如下所示。

```
for (var i = 0; i < width * height * 4; i += 4) {
    imageData. data[i]   = 0;   //红色成分
    imageData. data[i + 1] = 0;   //绿色成分
    imageData. data[i + 2] = 0;   //蓝色成分
    imageData. data[i + 3] = 255;   //透明度
}
```

8.2.2　创建像素对象

要创建像素对象可以使用 createImageData( ) 方法, 这个方法有两种参数组合:

context. createImageData(sw, sh)

这个形式接收二个参数, 代表要创建的像素对象的宽度和高度。

context. createImageData(imgaeData)

这个形式接收一个像素对象作为参数, 创建的像素对象大小与指定的像素对象大小相同。

创建的这个像素对象默认是透明黑状态, 因此看不见这块区域的像素。所以可以通过对它的像素进行操作, 使像素变到不透明和改变颜色, 实现如代码清单 8 - 3 所示。

代码清单　8 - 3

```
var canvas  = document. getElementById( "myCanvas") ;

var context  = canvas. getContext( "2d") ;

var imageData  = context. createImageData( 100, 100) ;

for ( var i = 0; i < 100 * 100 * 4; i += 4) {

    imageData. data[ i]  = 0;

    imageData. data[ i + 1]  = 0;

    imageData. data[ i + 2]  = 255;

    imageData. data[ i + 3]  = 255;

}

context. putImageData( imageData, 50, 50) ;
```

效果图如 8 - 3 所示。

图 8 - 3　蓝色像素块

例子中首先创建了一个 100 × 100 大小的像素对象, 此时像素的状态为透明黑, 所以利用 for 循环语句把每个像素的红色和绿色成分改为 0, 蓝色成分改为 255, 并且透明度大小为 255, 即不透明。再利用 putImageData( ) 方法把像素放入画布显示出来。

8.2.3 取得像素对象

可以利用方法 getImageData() 获取画布上的指定像素对象,如下。

context. getImageData(sx, sy, sw, sh)

这个方法接收四个参数,前两个指定要获取区域的起点,后两个指定区域大小。方法同样返回一个像素对象,可以对这个像素对象操作以后再绘制到画布中。

下面利用 getImageData() 方法取得画布上的图像,并对像素进行反色操作,再绘制到画布上,实现如代码清单8-4所示。

代码清单 8-4

```
var canvas = document. getElementById("myCanvas");
var context = canvas. getContext("2d");
var image = new Image();
image. src = "鱼. png";
image. onload = function () {
    context. drawImage(image, 10, 10);

    var imageData = context. getImageData(10, 10, 201, 146);
    for (var i = 0; i < 201 * 146 * 4; i += 4) {
        imageData. data[i] = 255 - imageData. data[i];
        imageData. data[i + 1] = 255 - imageData. data[i + 1];
        imageData. data[i + 2] = 255 - imageData. data[i + 2];
    }
    context. putImageData(imageData, 230, 10);
};
```

效果图如8-4所示。

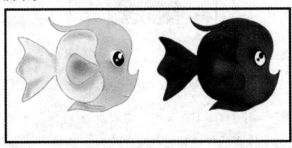

图8-4 利用 **getImageData**() 进行反色操作

上述例子中的 201 和 146 是图像的宽度和高度。进行像素操作时没有修改透明度的值,因为没有这个需要,维持原来的就好。

8.2.4　绘制像素对象

创建或获取像素对象进行操作以后,可以把像素对象再绘制到画布上,这时候利用 putImageData( )方法。根据传入参数,有两种绘制像素对象的方法,第一种方法接收 3 个参数组合,如下。

context. putImageData(imageData, dx, dy)

第一个参数为绘制的像素对象,后两个参数代表像素在画布上放入的位置,上述两个例子中都用到了这个形式。

context. putImageData(imageData, dx, dy, sx, sy, sw, sh)

第二种参数组合接收 7 个参数,前 3 个参数含义相同。后 4 个参数指定了一个矩形区域,表示只绘制源像素对象中指定区域内的像素块,实现例子如代码清单 8 - 5 所示。

代码清单　8 - 5

```
var canvas = document. getElementById( "myCanvas" );

var context = canvas. getContext( "2d" );

var image = new Image( );

image. src = "鱼. png";

image. onload = function ( ) {

    context. drawImage( image, 10, 10);

    var imageData = context. getImageData( 10, 10, 201, 146);

    context. putImageData( imageData, 230, 10, 50, 50, 100, 100);

};
```

效果如图 8 - 5 所示。

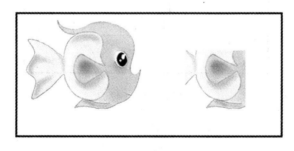

图 8 - 5　绘制指定区域的像素块

8.3 变换

默认情况下,画布的坐标系原点(0,0)都在左上角,x 正方向向右,y 正方向向下。但是画布提供了方法来变换画布,产生平移、旋转和缩放的效果,从而方便作图。实际上对画布应用的变换,是对其变换矩阵进行操作的。

8.3.1 平移

平移操作就是把画布平移指定的距离,使用方法 translate(x, y)进行操作,如下。

context. translate(x, y)

这个方法接收两个参数,代表画布在 x 和 y 方向上平移的距离,即画布原点从(0,0)位置平移到了(x,y)位置,平移变换如代码清单 8 – 6 所示。

代码清单 8 – 6

```
var canvas = document. getElementById( "myCanvas") ;
var context = canvas. getContext( "2d") ;
context. lineWidth = 2;
context. strokeRect(10, 10, 150, 100) ;
context. translate(160, 30) ;
context. strokeRect(10, 10, 150, 100) ;
```

效果如图 8 – 6 所示。

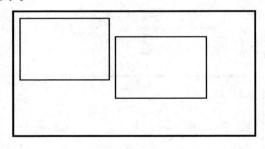

图 8 – 6 平移

8.3.2 旋转

旋转操作把画布以原点为中心旋转一定角度,角度增大方向为顺时针方向,减小方向为逆时针方向,如下。

context. rotate(angle)

画布旋转方法接收一个参数,为旋转的角度,单位是弧度而不是角度。注意这个方法是把整张画布以坐标系原点为旋转中心进行旋转,旋转后所绘制的图形都受到影响,实现例子如代码清单 8 - 7 所示。

代码清单 8 - 7

```
var canvas = document. getElementById("myCanvas");
var context = canvas. getContext("2d");
context. lineWidth = 2;
context. strokeRect(50, 10, 150, 100);
var degToRad = Math. PI / 180;
context. rotate(30 ∗ degToRad);
context. strokeRect(50, 10, 150, 100);
```

效果如图 8 - 7 所示。

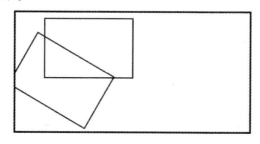

图 8 - 7 旋转

可见旋转前后的矩形是以原点为旋转中心,且超出画布的部分没有绘制。

如果希望以矩形中心旋转,或者其他图形围绕某一个点旋转,那么可以这样做:先把画布(原点)平移到指定的旋转中心上,旋转画布以后,再把画布(原点)平移回坐标系原点(0,0)。

把上述例子中的矩形围绕自身旋转,实现例子如代码清单 8 - 8 所示。

代码清单 8 - 8

```
var canvas = document. getElementById("myCanvas");
```

```
var context = canvas. getContext("2d");
context. lineWidth = 2;
context. strokeRect(50, 50, 150, 100);
var degToRad = Math. PI / 180;
context. translate(125, 100);
context. rotate(45 * degToRad);
context. translate(-125, -100);
context. strokeRect(50, 50, 150, 100);
```

效果如图8-8所示。

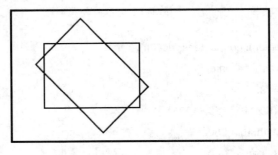

图8-8 以自身中心旋转

8.3.3 缩放

缩放操作把画布向着原点收缩或放大,如下。

context. scale(x, y)

画布缩放方法接收两个参数,表示在 x 轴方向(横向)的缩放和 y 轴方向(纵向)的缩放,数值在0~1之间表示缩小,大于1表示放大。如果数值为负数,那么表示该方向进行翻转后再缩放,实现如代码清单8-9所示。

代码清单 8-9

```
var canvas = document. getElementById("myCanvas");
var context = canvas. getContext("2d");
context. lineWidth = 2;
context. strokeRect(50, 50, 150, 100);
context. scale(0.5, 0.5);
context. strokeRect(50, 50, 150, 100);
```

效果如图8-9所示。

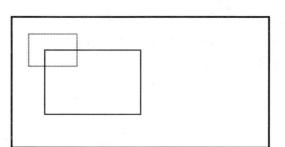

图 8 – 9　缩放

从图 8 – 9 可以看到在进行缩小以后,矩形进行了偏移。原因在于缩放把整张画布的坐标值都进行了缩放,因此起点位置(50,50)进行缩小后变到(25,25),所以矩形的位置产生偏移,因此可看作缩放操作把画布向着原点收缩或放大。

如果希望以自身中心或者其他某一点进行缩放,同样可先偏移原点到指定点后再缩放,最后把原点平移回原来的位置,具体做法可参照代码 8 – 8。

如果缩放方法中的参数为负数,效果将是把画布翻转后再进行缩放,实现如代码清单 8 – 10 所示。

代码清单　8 – 10

```
var canvas = document. getElementById("myCanvas");
var context = canvas. getContext("2d");
var image = new Image();
image. src = "鱼. png";
image. onload = function () {
    context. drawImage(image, 10, 10);
    context. scale( – 0.5, 0.5);
    context. drawImage(image, – 700, 100);
}
```

效果图如 8 – 10 所示。

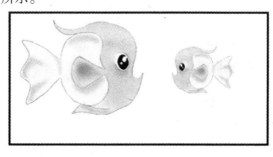

图 8 – 10　负数值缩放

因为此时在 x 轴方向进行了翻转,所以图像的起点位置在图像的右上角,并且现在 x 的正方向为左方。为此要把图像显示出来,需要把图像绘制在(-700,100)的位置,700 的数值超出了画布的宽度值400,但是由于缩小也把坐标值缩小,所以实际上相当于350 的位置。

8.3.4　操作矩阵

上述三种方法实际上是通过修改变换矩阵来达到变换的效果,但是可以直接对矩阵进行操作,来达到更多的变换效果。

画布中提供了两个方法直接对矩阵进行操作,分别是 transform( )方法和 setTransform( )方法。

1. transform( )方法

context. transform(a, b, c, d, tx, ty)

这个方法是让画布当前的矩阵乘以以下形式的矩阵

$$\begin{pmatrix} a & c & tx \\ b & d & ty \\ 0 & 0 & 1 \end{pmatrix}$$

矩阵中的字母对应着方法中的参数。

❖　平移

假设平移前的坐标位置为(x1,y1),平移后的坐标位置为(x,y),x 方向和 y 方向平移距离分别为 tx 和 ty,因此有如下关系。

$$x = x1 + tx$$
$$y = y1 + ty$$

因此有以下的矩阵公式

$$\begin{pmatrix} x \\ y \\ 1 \end{pmatrix} = \begin{pmatrix} 1 & 0 & tx \\ 0 & 1 & ty \\ 0 & 0 & 1 \end{pmatrix} \begin{pmatrix} x1 \\ y1 \\ 1 \end{pmatrix}$$

用 transform( )方法改写的代码如代码清单 8 – 11 所示。

代码清单　8 – 11

```
var canvas = document. getElementById("myCanvas");
var context = canvas. getContext("2d");
context. lineWidth = 2;
context. strokeRect(10, 10, 150, 100);
context. transform(1, 0, 0, 1, 160, 30);
context. strokeRect(10, 10, 150, 100);
```

效果图相同。

❖　旋转

假设旋转前的角度为坐标 φ,距原点距离为 ρ,位置为 $(x1,y1)$,因此有关系

$$x1 = \rho\cos\varphi$$

$$y1 = \rho\sin\varphi$$

旋转角度为 θ,因此旋转后的的角度为坐标 $\varphi+\theta$,距原点距离不变,为 ρ。坐标位置为 (x,y),因此有如下关系。

$$x = \rho\cos(\varphi+\theta) = \rho\cos\varphi\cos\theta - \rho\sin\varphi\sin\theta = x1\cos\theta - y1\sin\theta$$

$$y = \rho\sin(\varphi+\theta) = \rho\sin\varphi\cos\theta + \rho\cos\varphi\sin\theta = y1\cos\theta + x1\sin\theta$$

因此有以下的矩阵公式

$$\begin{pmatrix} x \\ y \\ 1 \end{pmatrix} = \begin{pmatrix} \cos\theta & -\sin\theta & 1 \\ \sin\theta & \cos\theta & 1 \\ 0 & 0 & 1 \end{pmatrix} \begin{pmatrix} x1 \\ y1 \\ 1 \end{pmatrix}$$

用 transform( )方法改写代码 8 - 7,实现如代码清单 8 - 12 所示。

代码清单　8 - 12

```
var canvas = document.getElementById("myCanvas");
var context = canvas.getContext("2d");
context.lineWidth = 2;
context.strokeRect(50, 10, 150, 100);
var degToRad = Math.PI / 180;
var cos30 = Math.cos(30 * degToRad);
var sin30 = Math.sin(30 * degToRad);
context.transform(cos30, sin30, -sin30, cos30, 1, 1);
context.strokeRect(50, 10, 150, 100);
```

❖　缩放

假设缩放前的坐标位置为 $(x1,y1)$,缩放后的坐标位置为 (x,y),x 方向和 y 方向缩放大小分别为 sx 和 sy,因此有如下关系。

$$x = x1 \times sx$$

$$y = y1 \times sy$$

因此有以下的矩阵公式

$$\begin{pmatrix} x \\ y \\ 1 \end{pmatrix} = \begin{pmatrix} sx & 0 & 1 \\ 0 & sy & 1 \\ 0 & 0 & 1 \end{pmatrix} \begin{pmatrix} x1 \\ y1 \\ 1 \end{pmatrix}$$

用 transform( )方法改写代码 8 – 9,实现如代码清单 8 – 13 所示。

代码清单　8 – 13

```
var canvas = document. getElementById( "myCanvas" );
var context = canvas. getContext( "2d" );
context. lineWidth = 2;
context. strokeRect(50, 50, 150, 100);
context. transform(0. 5, 0, 0, 0. 5, 1, 1);
context. strokeRect(50, 50, 150, 100);
```

2. setTransform( )方法

context. setTransform(a, b, c, d, tx, ty)

上文提到的 transform( )方法是把画布当前矩阵乘以给定的一个矩阵,而这个 setTransform( )方法就是修改的画布矩阵,使画布矩阵为修改的状态。

利用 transform( )方法修改矩阵后,画布就保持着被修改的状态,即之后所绘制的所有图形都受到变换的影响,除非对矩阵做逆变换,使之回到原本的状态。所以此时可以使用 setTransform( )方法直接修改指定矩阵。

8.4　填充风格

在"Canvas 基本功能"一章中,提到过描边风格 strokeStyle 和填充属性 fillStyle,用 CSS 颜色字符串的值赋给这个属性就可以把描边或填充颜色修改为想要的填充颜色。但是除此之外,这两个属性还接收 CanvasGradient 或者 CanvasPattern 对象的值。

8.4.1　渐变填充

通过创建 CanvasGradient 对象并赋值给 strokeStyle 属性或 fillStyle 属性,可以使颜色呈现一种渐变的效果,其中渐变效果分为两种:线性渐变和径向渐变。这两个渐变对象的创建方法分别为 createLinearGradient( )和 createRadialGradient( ),另外这个对象上有一个辅助方法 addColorStop( ),用来添加颜色。

1. 线性渐变

创建一个线性渐变填充的对象方法为

context. createLinearGradient(x0, y0, x1, y1)

这个方法接收两个参数,分别表示两个点,颜色沿着这两个点构成的线段的方向形成渐变,而垂直于这条线段的直线上的所有点的颜色都相同。

　　对象创建以后,还必须为它添加线性渐变的颜色和对应的位置,对象中有方法 addColorStop( ),如下所示。

　　gradient. addColorStop(offset, color)

　　该方法接收两个参数,第一个参数 offset 代表渐变颜色点的位置,数值在 0 ～ 1 之间, 表示线段上的相对位置点。第二个参数 color 代表要添加的渐变颜色,格式为字符串, 即"#XXXXXX"的形式。

　　这个渐变对象是由一个渐变颜色点开始渐变到另一个渐变颜色点,两个点之间的颜 色均匀渐变,线性渐变的实现如代码清单 8 - 14 所示。

代码清单　　8 - 14

```
var canvas = document. getElementById("myCanvas");
var context = canvas. getContext("2d");
var gradient = context. createLinearGradient(50, 0, 350, 0);
gradient. addColorStop(0, "#FF0000");
gradient. addColorStop(0.5, "#00FF00");
gradient. addColorStop(1, "#0000FF");
context. fillStyle = gradient;
context. fillRect(10, 10, 380, 180);
```

　　效果如图 8 - 11 所示。

图 8 - 11　线性渐变填充

　　线性渐变填充的起点是(50,0),终点是(350,0),纵坐标相同,因此只是横向的渐变。 可见线性填充的横坐标起点是 50,但是绘制的矩形横坐标起点是 10,所以 10 ～ 50 这一 段内的填充颜色是纯红色,同理 350 ～ 380 这一段填充的是纯蓝色,即超出线段范围的填 充颜色是单一的起点颜色或终点颜色。

　　在线性渐变中间的颜色为绿色,即由红色渐变成绿色,再由绿色渐变成蓝色,这两个 过程中的颜色成分都是线性改变。

2. 径向渐变

所谓的径向渐变,其原理是设置一个起始圆形和终止圆形,而色彩则在两个圆形间形成的圆柱面上渐变。设置方法如下。

context. createRadialGradient(x0, y0, r0, x1, y1, r1)

这个方法接收 6 个参数,前 3 个参数代表第一个圆的圆心位置和半径;后 3 个参数代表第二个圆的圆心位置和半径。

对象创建以后,同样需要调用 addColorStop( ) 为对象添加上渐变颜色点和对应的颜色值,径向渐变的实现如代码清单 8 – 15 所示。

代码清单　8 – 15

```
var canvas = document. getElementById( "myCanvas");
var context = canvas. getContext( "2d");
var gradient = context. createRadialGradient(200, 100, 10, 200, 100, 200);
gradient. addColorStop(0, "#FF0000");
gradient. addColorStop(0.5, "#00FF00");
gradient. addColorStop(1, "#0000FF");
context. fillStyle = gradient;
context. fillRect(10, 10, 380, 180);
```

效果图如图 8 – 12 所示。

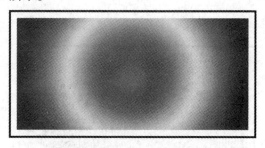

图 8 – 12　径向渐变填充

设置的这个径向渐变填充中的两个圆同心,因此填充效果是由中间径向向外渐变。第一个圆(即中心的圆形)的半径为10,其中这个圆的内部填充颜色为纯红色,如果希望从一点开始往外渐变,可以把第一个圆形的半径设置为0。同理,第二个圆(即最外层的圆形)半径为200,那么距离超出 200 的外围部分,颜色为纯蓝色。

8.4.2　图案填充

除了用颜色填充外,还能用图像去填充图形,这时候就要利用到 createPattern( ) 方法,如下。

context. createPattern(image, repetition)

这个方法接收两个参数,第一个参数 image 代表用于填充的图像;第二个参数 repetition 代表填充的方式,有值"repeat"(重复平铺)、"repeat - x"(仅水平重复)、"repeat - y"(仅纵向重复)和"no - repeat"(不重复)。

需要注意的是,填充的图像是从(0,0)开始的,与你在哪个位置开始绘制图形无关。

填充图像的实现如代码清单 8 - 16 所示。

代码清单 8 - 16

```
var canvas = document. getElementById("myCanvas");
var context = canvas. getContext("2d");
var image = new Image();
image. src = "鱼. png";
image. onload = function () {
    var pattern = context. createPattern( image, "repeat");
    context. fillStyle = pattern;
    context. fillRect(10, 10, 380, 180);
}
```

效果如图 8 - 13 所示。

图 8 - 13　图案填充

最后要提一点的是,上述的填充对象,不仅仅可作用于 fillStyle 属性,它们也可以用于 strokeStyle 属性,各位读者可以亲自去尝试一下,不过要想效果明显的话,可以增大线宽(lineWidth 属性)。

8.5　阴影效果

画布提供了几个全局属性值,自动为绘制的图形或图像添加上阴影效果,可以看到这几个属性：

❖ shadowColor：用 CSS 颜色格式表示的阴影颜色，默认为黑色。

❖ shadowOffsetX：阴影在 X 轴方向的偏移量，默认是 0。

❖ shadowOffsetY：阴影在 Y 轴方向的偏移量，默认是 0。

❖ shadowBlur：阴影的模糊程度，数值越大，这模糊程度越厉害，默认是 0，即不模糊。

下面尝试使用阴影绘制图像和图形，实现如代码清单 8 – 17 所示。

代码清单　8 – 17

```
var canvas = document.getElementById("myCanvas");

var context = canvas.getContext("2d");

var image = new Image();

image.src = "鱼.png";

image.onload = function() {
    context.shadowColor = "red";

    context.shadowOffsetX = 5;

    context.shadowOffsetY = 10;

    context.shadowBlur = 10;


    context.fillStyle = "blue";

    context.fillRect(10, 10, 180, 100);


    context.drawImage(image, 200, 10)
}
```

效果图如图 8 – 14 所示。

图 8 – 14　阴影效果

8.6 合成

一般情况下,当两幅图像有重叠部分的时候,后绘制的图像会覆盖先绘制的图像。但是画布提供了这种情况时的处理方式,由通过属性 globalCompositeOperation 去改变它。下面列出各属性值下的合成方式,下面的 source 指的是将要绘制的图像,destination 指的是已经绘制在画布上的图像。

❖ source-over:新图将覆盖在原有内容上方,这是默认的设置。

❖ destination-over:新图将在原有内容的下方绘制。

❖ source-atop:新图中只有在原有内容重叠的地方才被绘制,并覆盖在原有内容上方。

❖ destination-atop:原有内容中只有与新内容重叠的地方才被留下,新图绘制在原有内容下方,即原有内容留下的部分覆盖在新图上。

❖ source-in:新图仅出现在与原有内容重叠的部分,其他部分(包括原有内容和新图其余部分)都变为透明。

❖ destination-in:原有内容仅保留与新内容重叠的部分,其他部分(包括原有内容其余部分和新图)都变为透明。

❖ source-out:只有新图中与原有内容不重叠的部分被绘制,原有内容和重叠部分都不保留。

❖ destination-out:只有原有内容中与新图不重叠的部分被保留,新图和重叠部分都不保留。

❖ lighter:新图和原有内容重叠的部分将作加色处理,即两部分颜色值相加。

❖ darker:新图和原有内容重叠的部分将作减色处理。

❖ copy:只有新图被绘制,其余部分都不保留。

❖ xor:新图和原有内容重叠的部分变成透明。

绘图前只需把上述属性值赋值给属性 globalCompositeOperation 即可,如下所示。

context. globalCompositeOperation = "destination – over"

列出上述所有属性值(12 种合成情况)的设置所显示的效果,如图 8 – 15 所示。

这里再介绍一个属性 globalAlpha,这个属性值用来指定绘图的透明度,即设置这个属性值以后,接下来绘制的所有图形和图形都带有这个设置的透明度。

这个属性的属性值范围是 0 ~ 1,0 表示完全透明,1 表示保持原来的透明度,之间的数值表示图形的相对透明值。

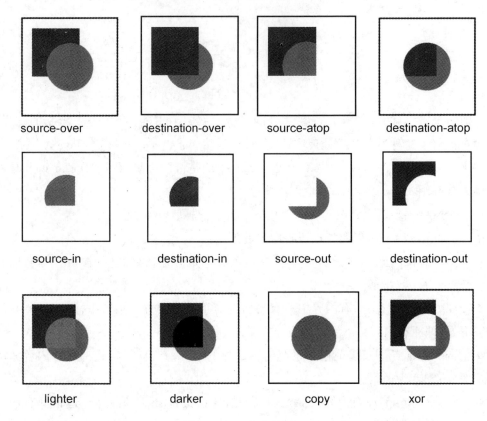

图 8 - 15 合成效果图

8.7 剪切

画布提供的剪切方法 clip( )能够只把图形绘制在指定区域内,而区域外的部分则不绘制。

clip( )方法会把当前已确定的路径包围的区域作为剪切区域,调用后只有剪切区域内的图形才会被绘制出来。如果希望恢复原状,只需把剪切区域设置为画布大小的矩形即可,如下所示。

context. clip( )

画布剪切的实现如代码清单 8 - 18 所示。

代码清单 8 - 18

```
var canvas = document. getElementById( "myCanvas" );
var context = canvas. getContext( "2d" );
context. beginPath( );
```

```
context. arc( 100, 100, 50, 0, Math. PI * 2, false);
context. clip( );                            // 设置圆为剪切路径
context. lineWidth = 2;
context. beginPath( );
for ( var i = 1; i < 10; i + +) {
    context. moveTo( i * 20, 0);
    context. lineTo( i * 20, 200)
}
for ( var j = 1; j < 10; j + +) {
    context. moveTo( 0, j * 20);
    context. lineTo( 200, j * 20)
}
context. stroke( );
```

剪切前后的效果如图 8 – 16 所示。

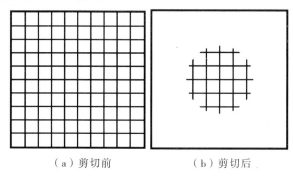

（a）剪切前　　　　　　　　（b）剪切后

图 8 – 16　剪切效果图

上述例子中,第二段代码利用 for 循环语句在 x 和 y 方向上绘制了数条线段,形成一个方格的效果,如图 8 – 16(a)所示。第一段代码中,绘制了一个圆形的路径后调用 clip( )方法剪切一个圆形区域,因此只有圆形区域中的图形才被绘制,剪切后效果如图 8 – 16(b)所示。

8.8　状态方法

读者或许已经发现到一个问题,讲述过的属性值,变换矩阵和剪切区域,在修改以后都会保持着修改后的状态,如果要回到修改前的状态,那么需要重新设置回原来的值。这个方法看似可行,但是如果修改的属性值太多,漏掉修改其中一个或者修改值错误,都将会带来不正确的结果。

因此画布提供了一对方法:save()方法和restore()方法。save()方法可以让在修改属性之前保存下当前的属性值,在修改结束后想要回到原来的状态时,只需要调用restore()方法即可回到上次调用save()时的状态。

它们的作用机制是:save()把当前绘图状态全都压入到一个堆栈之中,restore()则把堆栈中的状态弹出来回到上一个保存的状态中。所以可以多次调用save()压入状态,再逐个退回到之前的状态。

需要注意的是路径不包含在绘图状态中,需要清除路径的方法是调用beginPath()方法。

状态方法的实现如代码清单8-19所示。

代码清单　8-19

```
var canvas = document. getElementById("myCanvas");
var context = canvas. getContext("2d");
context. save();
context. shadowColor = "red";
context. shadowOffsetX = 5;
context. shadowOffsetY = 10;
context. shadowBlur = 10;
context. fillStyle = "blue";
context. fillRect(10, 10, 180, 100);
context. restore();
context. fillRect(210, 10, 180, 100);
```

效果如图8-17所示。

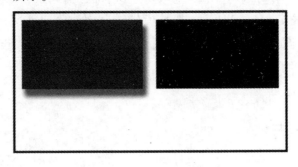

图8-17　绘图状态

8.9　小结

本章的介绍内容包括

❖　绘制图像的方法以及图像像素级的操作方法。

❖　利用变换矩阵对图形进行平移、旋转和缩放操作。

❖　添加新的填充风格,包括有渐变填充和图案填充。

❖　阴影效果、合成方式和剪切操作,以及画布状态的调整控制。

8.10　习题

1. 画布中提供的直接变换画布的有哪 3 种方法?＿＿＿＿＿、＿＿＿＿＿和 ＿＿＿＿＿。

2. 画布中提供的操作画布矩形的有哪两个方法?＿＿＿＿＿和 ＿＿＿＿＿。

3. 画布中提供的 3 个填充对象有:＿＿＿＿＿、＿＿＿＿＿和 ＿＿＿＿＿。

4. 画布中提供的用于控制阴影效果的有哪 4 个属性?＿＿＿＿＿、＿＿＿＿＿、＿＿＿＿＿和 ＿＿＿＿＿。

5. 以下各项中,不属于画布状态的是(即不受 save( ) 和 restore( ) 作用的)＿＿＿＿＿。

A. 绘图路径

B. 线条属性

C. 字体大小

D. 阴影效果

6. 利用画布渐变填充方法,在画布中绘制渐变的文字。

第9章 CVIDrawJS 绘图部分

CVIDrawJS 是中山大学自主研发的一套游戏引擎,游戏引擎即是把一些底层的重复性工作编写成一个框架,用户只需要调用引擎给出的 API 接口便可以轻松开发游戏,把注意力从代码编写转移到游戏的逻辑设计上。

由于涉及内容比较多,在这里只介绍其中的绘图部分,引擎将画布的内容封装到一个对象中,只要按照指定参数调用 API 函数即可以方便地绘制出想要的图形。

9.1 图形对象 CVIGraph

把所有绘图函数都封装在一个图形对象 CVIGraph 当中,可以把这个对象看作一个绘图工具,只要向它提供一个画布上下文,它在内部就负责上色、描边和填充等。下面先看一个例子,把这个引擎的绘图部分导入到 HTML 当中,实现如代码清单 9 – 1 所示。

代码清单 9 – 1

```
< ! DOCTYPE HTML >
< HTML >
< head >
    < title >图形对象 CVIGraph </title >
    < meta charset = "utf – 8" >
</head >
< body >
< canvas id = "myCanvas" width = "400" height = "250" style = "border: solid" >
    你的浏览器不支持 canvas 画布元素,请更新浏览器获得演示效果.
</canvas >
< script type = "text/javascript" src = "Color. js" > </script >
< script type = "text/javascript" src = "geometry/Bezier. js" > </script >
< script type = "text/javascript" src = "geometry/Geometry. js" > </script >
< script type = "text/javascript" src = "geometry/Point. js" > </script >
```

```
< script type = "text/javascript" src = "geometry/Rectangle. js" > </script >
< script type = "text/javascript" src = "geometry/Size. js" > </script >
< script type = "text/javascript" src = "shape/CVIShapeBase. js" > </script >
< script type = "text/javascript" src = "shape/CVIGraph. js" > </script >


< script type = "text/javascript" >
    var canvas  = document. getElementById("myCanvas");
    var context  = canvas. getContext("2d");
    var g  = new CVIGraph();
    g. rect( cvi. rect(50, 50, 300, 150)). setLineWidth(2);
    g. lineTo([ cvi. p(200, 50), cvi. p(350, 125), cvi. p(200, 200), cvi. p(50, 125)]). setLine-
Width(3). setClose( true);
    g. draw( context);
</script >
</body >
</HTML >
```

效果如图 9 – 1 所示。

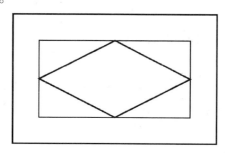

图 9 – 1　图形对象 CVIGraph

9.1.1　嵌入引擎脚本

要调用绘图 API 函数,必须先嵌入脚本代码,做法是利用 < script > 元素把外部脚本
代码嵌入到当前 HTML 文档中,详细的做法可以参考"基本概念"这一章。

要嵌入的绘图脚本代码有 3 个部分,分别是 geometry、shape 和 color。其中 geometry
部分中的脚本文件定义了一套几何对象,包括矩形和点的定义。shape 部分包含了封装
好绘图对象,里面提供了各种绘图 API。color 部分则定义了颜色对象。

可以看到例子中用了数个 < script > 元素把这 3 个部分中的脚本文件嵌入文档中,需
要注意的地方是嵌入的顺序要保持上述的顺序,因为后续的脚本文件中使用到了前面定

义的对象,而文档默认是按顺序解析脚本,因此脚本嵌入顺序错乱的话会导致脚本解析错误。

9.1.2　创建图形对象的实例

在调用图形对象中提供的 API 函数前,首先要创建一个图形对象的实例,相信读者都已经熟悉该方法了,就是利用 new 操作符创建对象。

var gra = new CVIGraph();

创建对象后,就可以利用对象中的方法进行绘图,可以看到例子中有 rect( )方法和 lineTo( )方法,分别绘制矩形和直线。在调用方法后紧接着调用了 setLineWidth( )方法和 setClose( )方法,以上这两个方法都是修改前一个图形的属性,另外还有其他修改绘图属性的方法,这些属性都是在画布中见到过的。

要进行绘制,还必须为这个绘图对象传入画布上下文,这样绘图对象才知道要绘制到什么地方,即调用方法 draw( )并传入画布上下文。

9.1.3　几何对象和颜色对象

为了统一绘图对象内部的操作,引擎另外定义了一些几何对象和颜色对象,下面来看一下都有什么类型。

1. 点

在绘图时不再使用分开的两个参数 x 和 y 来代表绘图位置,而是选择合并到一个点对象中。

点对象中只有两个属性:x 和 y,即表示点的横坐标和纵坐标,可以用函数 cvi.p(x, y)快速创建点对象。

2. 矩形

同样地,定义了一个矩形对象一共有 4 个属性,分别是 x、y、width 和 height,x 和 y 代表矩形的起始位置,即矩形左上角的点位置,width 和 height 分别表示矩形的宽度和长度。

可以用函数 cvi.rect(x, y, width, height)快速创建矩形对象。

3. 颜色

颜色对象有 Color3B、Color3F、Color4B 和 Color4F,后缀的 B 和 F 分别表示 Byte 和 Float,即颜色值范围是 0～255 和 0～1。红色可用函数 cvi.c3b(255, 0, 0)、cvi.c3f(1, 0, 0)、cvi.c4b(255, 0, 0, 255)或 cvi.c4f(1, 0, 0, 1)表示,其他颜色如此类推。

如果后缀是 3 的颜色对象,那么属性包括有 r 属性、g 属性和 b 属性,表示颜色红、绿、蓝的成分。如果后缀是 4 的颜色对象,那么除了 rgb 属性,还有属性 a,即 alpha,表示透明度。有了颜色对象可以不再使用 CSS 风格的字符串表示。

要创建这 4 个对象,可以使用函数 cvi. c3b(r, g, b)、cvi. c4b(r, g, b, a)、cvi. c3f(r, g, b)和 cvi. c4f(r, g, b, a)。

9.2　绘图属性

同样可以指定绘制的图形属性,利用引擎中的绘图功能时,可以选择在调用绘图函数后修改这个图形的属性,不过这种情况下只能修改该图形的属性,其他已绘制或者将要绘制的图形不受影响。也可以选择先设定一个全局的绘图属性,设置以后所有绘制的图形都按照这个属性来绘制,除非改变全局属性或者修改当前图形的属性。

9.2.1　线条属性

"Canvas 基本功能"一章中提到过的线条属性,这里都包含在内。

❖　线颜色 lineColor:利用方法 setLineColor(color),参数 color 为上述提到过的颜色对象,默认值是黑色,即 cvi. c3b(0, 0, 0)。

❖　线宽度 lineWidth:setLineWidth(width),参数 width 是线宽大小,默认值是 1。

❖　线帽样式 lineCap:setLineCap(type),type 参数是" butt"," round"," square"之一。

❖　线连接处样式 lineJoin:setLineJoin(type),type 参数是" miter"," round"," bevel"。

❖　斜率限制 miterLimit:setMiterLimit(value),value 参数是限制值。

线型样式的属性不列出,原因是这个属性对浏览器支持不好。

除了上述的方法,还可以通过一种方法一次性把上述 5 个属性修改:

lineStyle(lineColor, lineWidth, [lineCap], [lineJoin], [miterLimit])

其中参数分别为线颜色、线宽、线帽、线连接样式和斜率限制,后 3 个参数可以忽略,取值为默认值。

另外还有设置线段闭合的属性:

setClose(close)

参数接收一个布尔值,代表线段是否闭合。

上面的这些方法都是接在绘图方法之后调用的,线条属性的实现如代码清单9 – 2所示。

代码清单　9－2

```
var canvas = document. getElementById("myCanvas");
var context = canvas. getContext("2d");
var g = new CVIGraph();
g. rect(cvi. rect(50, 50, 150, 100)). lineStyle(cvi. c3b(255, 122, 0), 3, "round");
g. lineTo([ cvi. p(250, 50), cvi. p(350, 125), cvi. p(200, 200)]). setLineWidth(2). setClose
(true)
g. draw(context);
```

效果如图9-2所示。

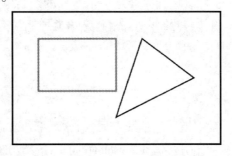

图 9 - 2　线条属性

上述例子中,可以在绘制方法后多次调用不同的线条属性来修改图形的线条属性。

9.2.2　填充属性

同样填充属性也包括了提到过的填充属性。

❖　不填充:调用 notFill()方法,此时不填充图形,为默认选项。

❖　单色填充:调用 fillColor(color),使用单色填充,参数 color 为颜色对象。

❖　线性渐变填充:linearGradientFill(startP, endP, ratios, colors),为线性渐变填充,参数 startP 和 endP 为点对象,表示渐变线段的起点和终点,第三个参数 ratios 和第四个参数 colors 有两种赋值方式,即这里的设置方法模拟重载了第三个和第四个参数。

第一种方式,渐变中只需要设置头尾两种颜色,且均匀变化时,可以使用这种赋值方式,即 ratios 赋值起始色彩,colors 赋予终止色彩。那么填充就会从起始位置的 ratios 代表的颜色渐变到终止位置的 colors 代表的颜色,实现如代码清单9-3所示。

代码清单　9－3

```
var canvas = document. getElementById("myCanvas");
var context = canvas. getContext("2d");
```

```
var g = new CVIGraph();
g. rect( cvi. rect( 20, 20, 360, 210)). linearGradientFill( cvi. p( 50, 0), cvi. p( 350, 0), cvi. c3b
(255, 0, 0), cvi. c3b( 0, 255, 255));
g. draw( context);
```

效果如图9-3所示。

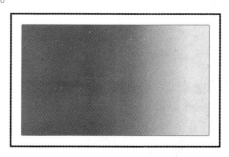

图9-3 两种颜色的渐变填充

第二种方式,提供了更大的灵活性,可在渐变过程中使用多种颜色渐变,而且渐变速度自由设置,这时候 ratios 和 colors 都是数组形式。ratios 数组中的数值表示直线方向上给定偏移位置,而 colors 中对应下标上的颜色表示该位置的颜色,实现如代码清单9-4所示。

代码清单　9-4

```
var canvas = document. getElementById( "myCanvas");
var context = canvas. getContext( "2d");
var g = new CVIGraph();
g. rect( cvi. rect( 20, 20, 360, 210)). linearGradientFill( cvi. p( 50, 0), cvi. p( 350, 0), [ 0, 0. 4,
1], [ cvi. c3b( 255, 0, 0), cvi. c3b( 0, 255, 0), cvi. c3b( 0, 0, 255)]);
g. draw( context);
```

效果如图9-4所示。

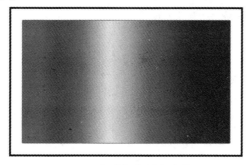

图9-4 多种颜色的渐变填充

❖ 径向渐变填充:radialGradientFill(startP,r0, endP, r1, ratios, colors),参数 startP 和 endP 分别表示起始圆和终止圆的圆心位置,r0 和 r1 分别表示起始圆和终止圆的半径, 参数 ratios 和参数 colors 有两种赋值方式,设置方法如上述线性渐变描述。

❖ 图案填充:patternFill(image, repetition),参数 image 为 image 对象,repetition 为 平铺方式,同样有"repeat"、"repeat – x"、"repeat – y"、"no – repeat"。

调用方法与线条属性一致,在绘制图形之后跟随其后调用。要注意的一点是:图形 默认是不填充的,并且线宽为 1 描边。如果希望不描边,把线宽属性设置为 0 即可。

9.2.3 全局属性

上述的方法都是紧接在绘图后调用的,所以修改的属性只针对于之前所绘制的图 形。不过图形对象还提供全局修改属性的方法,可以修改整体的绘图属性,即修改后接 下来所有绘制的图形都有这种属性,方法如下。

❖ 线条属性:graph. gLineStyle(lineColor, lineWidth, lineCap, lineJoin, miterLimit);

❖ 闭合选项:graph. gSetClose(bool);

❖ 不填充:graph. gNotFill();

❖ 单色填充:graph. gFillColor(color);

❖ 线性渐变填充:graph. gLinearGradientFill(startP, endP, ratios, colors);

❖ 径向渐变填充:graph. gRadialGradientFill(startP, r0, endP, r1, ratios, colors);

❖ 图案填充:graph. gPatternFill(image, repetition);

以上所有方法的参数含义都与修改单个属性的方法一致,为了分清两种不同的方 法,全局方法都在方法前加了一个字母"g",代表的是全局的属性方法。注意这个时候全 局属性方法并不是作用于绘图方法后,而是作用于图形对象的实例 graph,实现如代码清 单9 – 5 所示。

代码清单　9 – 5

```
var canvas = document. getElementById("myCanvas");

var context = canvas. getContext("2d");

var g = new CVIGraph();

g. gLineStyle( cvi. c3b(255, 122, 0), 5);

g. gFillColor( cvi. c3b(0, 255, 255));

g. rect( cvi. rect(30, 30, 140, 190));

g. lineTo([ cvi. p(230, 30), cvi. p(370, 100), cvi. p(270, 200)]). setClose(true);

g. draw( context);
```

效果如图9－5所示。

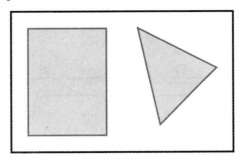

图9－5　全局属性

如果全局属性方法和修改单个属性的方法同时使用,那么修改单个属性的方法会覆盖掉全局属性方法。所以可以设置全局属性后,再个别修改其中图形的属性。

9.3　绘图方法

引擎绘图部分不仅封装了画布上的绘图函数,还包括了一些额外的图形来方便绘图,其中有圆角矩形、正多边形、线段、贝塞尔曲线和样条曲线等。

❖　矩形:

graph. rect(rect)

参数 rect 为矩形对象,表示要绘制的矩形位置和宽高度。上述例子中已经看到过它的使用方法,只要利用函数 cvi. rect(x, y, width, height)即可快速创建矩形对象。

❖　圆角矩形:

graph. roundRect(rect, topLeft, topRight, bottomLeft, bottomRight)

参数 rect 为矩形对象,第二个参数 topLeft 为圆角矩形左上角圆弧的半径大小,这个参数不能忽略。第三个之后的参数分别表示右上角、左下角和右下角的圆弧大小,这三个参数可以忽略,默认采用 topLeft 的参数值。

要注意一点的是,上下圆弧的半径和不能大于矩形的高度,或者左右圆弧的半径和不能大于矩形的宽度,否则圆弧大小都设为0,实现如代码清单9－6所示。

代码清单　9－6

```
var canvas = document. getElementById( "myCanvas" );

var context = canvas. getContext( "2d" );

var g  = new CVIGraph( );

g. gLineStyle( cvi. c3b( 0, 0, 0), 3);

g. roundRect( cvi. rect( 30, 30, 140, 190), 50);
```

g. roundRect(cvi. rect(230, 30, 140, 190), 20, 30, 40, 50);

g. draw(context);

效果如图 9 – 6 所示。

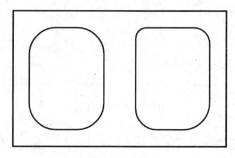

图 9 – 6   圆角矩形

❖   圆弧：

graph. arc(point, radius, startAngle, endAngle, anticlockwise)

第一个参数 point 是点对象,表示圆弧的圆心。第二个参数 radius 表示的是圆弧的半径,第三个参数 startAngle 和第四个参数 endAngle 表示圆弧的起始角度和终止角度,范围是 0～360,即单位是角度制,默认值是 0 度。第五个参数 anticlockwise 表示圆弧绘制方向,true 表示逆时针方向绘制,false 表示顺时针方向绘制,默认值是 false,即顺时针绘制。

❖   线段：

graph. lineTo(pointAry)

参数 pointAry 是一个数组,数组元素是点对象,绘图对象会把数组中所有的相邻点都连接成线段。如果还设置了闭合属性,即 setClose(true),那么最后一个端点与第一个端点连接成线段。

数组中应该至少包含两个点对象,之后的点都是与上一个点连接成线段,如果想重开另一端点段,那么需要重新调用这个方法。

❖   二次贝塞尔曲线：

graph. quadTo(originPt, pointAry);

第一个参数是一个点对象,表示的是二次贝塞尔曲线的起始位置。第二个参数是一个点对象的数组,其中每两个点为一组,第一个点为此曲线的控制点,第二个点为此曲线的端点。如果数组的总点数为奇数,则最后一个点被忽略。

利用这个方法可以连续绘制二次贝塞尔曲线,后一段线段以前一个端点为起点,如果想重开另一端点段,那么需要重新调用这个方法。

❖   三次贝塞尔曲线：

graph. bezierTo(originPt, pointAry);

第一个参数是一个点对象,表示的是三次贝塞尔曲线的起始位置。第二个参数是一个点对象的数组,其中每三个点为一组,第一和第二个点为此次曲线的两个控制点;第三个点为此次曲线的端点。如果数组的总点数不是 3 的倍数,则最后多余的点被省略。

❖　样条曲线:

graph. splineTo(pointAry);

如果手动设置贝塞尔曲线来绘制圆滑的闭合图形是非常烦琐的,所以还提供了根据端点来计算控制点,从而在连接端点时描绘出相对平滑的连接曲线,这便是样条曲线。参数 pointAry 是一个点数组,形式跟 lineTo 方法一样,数组中的点都是每段线的头尾端点,只不过 splineTo 内部用贝塞尔曲线来描出平滑曲线。

实现样条曲线的例子如代码清单 9 - 7 所示。

代码清单　　9 - 7

```
var canvas = document. getElementById( "myCanvas");
var context = canvas. getContext( "2d");
var g = new CVIGraph();
g. gLineStyle( cvi. c3b(0, 0, 0), 3);
g. splineTo( [ cvi. p(10, 30), cvi. p(190, 30), cvi. p(80, 150), cvi. p(160, 200)]);
g. splineTo( [ cvi. p(230, 30), cvi. p(350, 100), cvi. p(300, 200)]). setClose( true);
g. draw( context);
```

效果如图 9 - 7 所示。

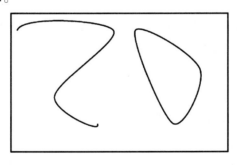

图 9 - 7　样条曲线

❖　星型:

graph. star(originPt, maxLen, minLen, angles);

星型是额外提供的一个图形,内部是用直线绘制而成的。第一个参数 originPt 是星型的中心点位置,是一个点对象。第二个参数 maxLen 是星型上外顶点距离中心点的长度。第三个参数 minLen 是星型上内凹点距离中心点的长度,可忽略,默认为 maxLen 的 0.4 倍。第四个参数 angles 是星型上顶角的数量,数值必须大于 1,可忽略,默认值是 5,即五角星。

实现星型的例子如代码清单 9 - 8 所示。

代码清单　9-8

```
var canvas = document. getElementById( "myCanvas");
var context = canvas. getContext( "2d");
var g = new CVIGraph();
g. gLineStyle( cvi. c3b( 0, 0, 0), 3);
g. star( cvi. p( 100, 100), 80, 20, 3);
g. star( cvi. p( 250, 100), 80, 20, 4);
g. star( cvi. p( 400, 100), 80);
g. star( cvi. p( 550, 100), 80, 30, 6);
g. draw( context);
```

效果如图9-8所示。

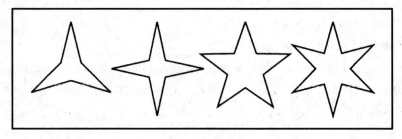

图9-8　星型

图中从左到右分别是三至六角星,其中五角星只提供前两个参数即可完成绘制,如果对形状不满意的话,还可以自行设置长度参数。

❖　多边形:

graph. polygon(originPt, len, sides)

多边形 CVIPolygon 也是利用线型绘制而成。第一个参数 originPt 是多边形的中心点。第二个参数 len 是多边形顶点到中心点的距离。第三个参数 sides 是多边形的边数。

实现多边形的例子如代码清单9-9所示。

代码清单　9-9

```
var canvas = document. getElementById( "myCanvas");
var context = canvas. getContext( "2d");
var g = new CVIGraph();
g. gLineStyle( cvi. c3b( 0, 0, 0), 3);
g. polygon( cvi. p( 100, 100), 70, 3);
g. polygon( cvi. p( 250, 100), 70, 4);
g. polygon( cvi. p( 400, 100), 70, 5);
```

```
g. polygon( cvi. p(550, 100), 70, 6);
g. draw( context);
```

效果如图 9 – 9 所示。

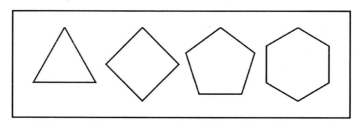

图 9 – 9 多边形

❖   椭圆:

```
graph. ellipse( originPt, xHalfLen, yHalfLen);
```

提供的椭圆绘制对象并不是严格意义上的椭圆,而是利用贝塞尔曲线模拟出来的,也是一般的椭圆绘制方法。一个参数 originPt 是椭圆的中心点位置。第二个参数 xHalfLen 是椭圆在 x 轴方向上的半轴长。第三个参数 yHalfLen 是椭圆在 y 轴方向上的半轴长。

实现椭圆的例子如代码清单 9 – 10 所示。

代码清单   9 – 10

```
var canvas = document. getElementById( "myCanvas");
var context = canvas. getContext( "2d");
var g = new CVIGraph();
g. gLineStyle( cvi. c3b(0, 0, 0), 3);
g. ellipse( cvi. p(100, 120), 50, 100);
g. ellipse( cvi. p(250, 120), 75, 75);
g. ellipse( cvi. p(450, 120), 100, 50);
g. draw( context);
```

效果如图 9 – 10 所示。

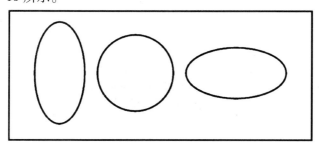

图 9 – 10 椭圆

可见当椭圆两方向的半轴长相同时,变成了一个圆形。

9.4 小结

本章中介绍了 CVIDrawJS 中的绘图部分,这里面主要采用了面向对象的编程方法,把所有图形的绘制方法都封装在绘图对象中,并且提供了方便的接口来改变图形对象的属性,大大简化开发者绘图的工作量。

这里面的核心对象是图形对象 CVIGraph,这个对象中除了包含了线条、圆弧、矩形、贝赛尔曲线和样条曲线等基本图形,还封装了圆角矩形、星型和多边形等绘图对象。并且还提供了两种修改绘图属性的方法,分为局部修改和全局修改。局部修改只修改当前的绘图对象,而全局修改则把接下来所有绘制图形的属性进行修改。

9.5 习题

1.利用引擎提供的方法绘制奥运五环,并且设置成相应的颜色。

2.利用引擎提供的方法和画布变换方法绘制以下的图形。

3.利用引擎提供的方法和画布变换方法绘制以下的图形(图中共有 18 个椭圆旋转而成)。

第三部分

第 10 章 预 备 知 识

在正式开始动画、web 广告和休闲游戏制作之前,作为预备知识,本章简单介绍一下动画的产生方式、预渲染方法、多层画布技术以及在动画游戏交互过程中的鼠标、键盘及移动设备事件响应。并给出了平移动画、精灵产生、鼠标及键盘事件响应的简单例程。

10.1 动画概述

在开始制作动画前,先来简单描述一下动画的表现形式。如果接触过 Flash 动画,那么读者应该会知道,动画是由一帧一帧的画面组成,每一幅画面都是重新构成,而每当连续播放的时候,在人眼中就形成了连续变动的动画效果。

除了 Flash 动画外,日常所看到的电视或者电影,也都是由很多帧画面组成。如果要让人眼有较好的动画效果,那么每秒播放的动画帧一般需要 24 帧,当然帧数与具体的动画效果有关系,可以用较低的帧数表现出流畅的动画,而对于一些细腻的动画效果,或许就要更多的帧数,否则会显出卡顿的现象。

如果要在 HTML5 的画布上表现出动画效果,需要怎么做呢? 同样也是需要连续地播放动画帧来形成动画效果,因此需要做的就是不断地在 canvas 上重绘图像,以每秒接近 24 次的速度重新绘制画布上的图形,以此来达到动画的效果。

每秒重绘 24 次甚至更多的图像,看似工作量非常大,但实际上对于电脑的 CPU 来说,这并不是一件难事。如果要提高绘制质量或者提高帧数,那么对于配置较低的电脑来说或许就显得吃力。

在电脑上的动画效果,可以分为三种形式:第一种是每次绘制的图像都相同,不过每一帧的位置、旋转角度、缩放大小改变,从而多帧结合以表现出图像的移动、旋转、变大、变小的动画效果。第二种是每次绘制的图像都不同,这有两种表现形式,一种是换帧动画(精灵),例如鱼游动时尾巴摆动、人走路时脚部走动,如果要通过旋转或移动的方式来表现,那么效果或许会很僵硬,所以为了简便编程,一般是预先准备好一系列动作的图像,然后再连续播放,那么这种方式可简化编程工作,把动画的设计放在了作画人员身上;另一种是通过改变图形的数据来达到动画,如骨骼动画、参数约束动画等。第三种是混合方式,如换帧动画(精灵)做平移或者是按照特定的路径运动并变换效果等。

在开始设计动画前,先介绍 JavaScript 中的一些常用函数。

10.1.1 setInterval( ) 函数

setInterval( )函数可按照指定的时间间隔来重复调用某个函数,可以直接在程序中使用这个函数。

setInterval(fun, interval)

这个函数接收两个参数,第一个参数是一个函数对象,即指定要重复执行的函数;第二个参数 interval 是调用的时间间隔,单位是毫秒(ms),即指定了调用函数以后,要隔开一段时间才再次调用。

这个 setInterval( )函数与循环语句的区别在于:setInterval( )指定的函数是每隔一段时间才调用,调用完毕后,程序处于空闲状态,可以处理其他任务或处理其他 setInterval( )函数指定的任务。而循环语句指每次执行结束后马上开始新的一次执行,这时候程序被锁死在循环语句当中,其他的程序任务都无法处理,因此遇到死循环的时候,甚至连浏览器也无法关闭。

不过这里要注意的一点是 setInterval( )函数中指定的时间间隔是期望的时间,每次重复执行的间隔是大于等于这个时间的。每次执行完指定函数后,程序都返回给浏览器来执行其他的任务,或许是 setInterval( )函数指定的其他函数,所以即使间隔时间已经到达了,如果程序还被其他任务所霸占,那么还是无法执行这个指定的函数,而必须等到程序再次空闲时来执行。因此,如果绘图质量高,那么每次绘图的任务量就比较重;对于配置不够好的电脑来说,每次绘制的任务超过了时间间隔,那么动画帧数将达不到预期,可能出现卡顿的现象。

那么下面演示一下这个函数的用法,实现如代码清单 10 - 1 所示。

代码清单　10 - 1

```
var i = 0;
setInterval( function ( ) {
    console. log( i);
    i + +;
}, 500) ;
```

上述例子是每隔 500 毫秒,即 0.5 秒,就输出 i 的值并把 i 的值加 1。其中直接在参数的位置创建了一个匿名函数对象并传入到函数 setInterval( )中去,当然也可以先定义一个函数,再把函数名传到函数 setInterval( )中去。

除此以外,函数 setInterval( )还会返回一个值,表示这个定时器的 ID,这个定时器 ID 的作用在于标识这个定时器任务,当需要停止这个定时器任务时,可以调用函数 clear-Interval(id)并传入这个定时器 ID,来清除指定 ID 的定时器任务。

10.1.2　平移动画

利用定时器函数 setInterval( ),就可以设定每隔一段时间(例如每秒 60 帧)擦除画布并重绘图像,从而模仿电影中一帧一帧图像播放的效果。下面利用这个函数来制作一个图形移动的简单动画。先来看看示例代码,实现如代码清单 10－2 所示。

代码清单　10－2

```
var canvas = document. getElementById("myCanvas");
var context = canvas. getContext("2d");
var image = new Image();
image. src = "鱼. png";
image. onload = function () {
    var x = −200, y = 20;
    setInterval( function() {
        context. clearRect(0, 0, 400, 200);
        context. save();
        context. translate(x, y);
        context. drawImage( image, 0, 0);
        context. restore();
        x += 1;
        if (x >= 400) {
            x = −200;
        }
    }, 1000 / 60);
};
```

其中图片加载完毕时调用回调函数 onload,在回调函数中调用 setInterval( )函数擦除和重绘图像。

首先看到重复执行的函数中,在每次重绘图像之前,都要先调用画布上下文对象的 clearRect( )方法来擦除画布,正因为已经绘制在画布上的图案是不会自动清除的,如果不擦除画布,那么就会有重复的图案绘制在画布上。擦除的区域是整块画布,而这次设置的画布大小是长 400 像素,宽 200 像素,所以从原点(0,0)开始,擦除长度为 400 像素和宽度为200像素的区域。

　　接下来通过调用上下文对象中的画布平移方法translate( )来改变画布原点,图像是根据画布原点位置来绘制的,所以每次绘制时图像都会跟随着画布平移,看起来的效果就像是图像平移了。

　　但是在平移画布之前,要先调用上下文对象的save( )方法来保存目前的画布矩阵,因为平移画布是通过改变矩阵来实现的,改变后的矩阵不会自动恢复,如果下一次绘图前再一次平移时,那么平移效果就相当于与前一次平移叠加在一起,为此要在平移和重绘图像以后,恢复到之前的矩阵状态,即调用上下文对象的restore( )方法来回到前一次save( )时的矩阵状态。

　　下面把画布平移距离设为横向为 −200,纵向为20,既画布原点平移到点(−200,20)位置上,此时调用绘图函数drawImage(image, 0, 0)将鱼图像绘制到原点位置,也就是平移后的(−200,20)位置上。

　　到目前为止都是大家所熟悉的画布方法的调用,那么下面开始"移动"鱼图像。原理非常简单,只需在每一次重绘图像后把下一次画布平移的水平距离x加1,那么连续播放时的效果就相当于鱼图像慢慢地往前"游动"。效果图如图10 −1所示。

图10 −1　鱼图像游动效果

　　在上述例子的最后加入了一条判断语句,当x的值大于画布长度400的时候,将x的值恢复到原始位置,即鱼图像游过画布之后,重新出现在画布最左端,由此动画效果是鱼图像不断地从左往右游动。

10.1.3　精灵动画

　　上一节中的例子是常见的改变画布矩阵得到的平移、缩放、旋转动画;还有另一种常见的动画形式是利用分割图像的方法,把一连串事先准备好的动画帧播放,从而做到一些相对复杂的动画,对图像做分割,类似于 Flash 的精灵动画。

首先准备好一连串连贯的动画帧并放在同一张图片上,如图 10 – 2 所示:

图 10 – 2　鱼动画帧

每张不同的动画帧成竖列放在同一张图片上,同样也可把动画帧横向摆放,例子中使用的是竖向摆放的鱼动画帧。

播放精灵动画需要用到的绘图方法是 drawImage(image, sx, sy, sw, sh, dx, dy, dw, dh),这个方法的详细介绍可以查阅第 8 章中的"绘制图像"一节。要注意的是参数是 sx、、sy、sw 和 sh,其中 sx 和 sy 是源图像上的起始坐标,因为只需要绘制四幅图片中的一幅,所以只需要把起始坐标定位到对应图像的左上角即可,而 sw 和 sh 代表要分割的图像的长宽度,一般来说每一幅分割图像事先都要做成长宽度一样,这里是长度为 201,宽度为 148。

精灵动画的原理是:每次绘制只分割出其中一幅图像并绘制出来,每隔一段时间便重绘出下一幅动画帧,如此便可以做到按顺序循环播放动画帧的每张图片,下面利用上边给出的图像做一个精灵动画,实现如代码清单 10 – 3 所示。

代码清单　10 – 3

```
var canvas = document. getElementById( "myCanvas");
var context = canvas. getContext( "2d");
var image = new Image();
image. src = "鱼动画. png";
image. onload = function ( ) {
    var frm = 0;
    setInterval( function( ) {
        context. clearRect(0, 0, 250, 200);
        context. drawImage(image, 0, frm * 148, 201, 148, 20, 20, 201, 148);
```

```
        frm + +;
        if (frm > = 4) frm = 0;
    }, 200);
};
```

重绘前,同样需要先擦除画布上的图像,之后每一次绘制图片都选取不同的动画帧。

由于动画帧排列是纵向的,因此动画帧的起始坐标的横坐标 sx 不用改变,只需改变纵坐标 sy 即可。而每幅图片的高度是 148,因此每张动画帧相距的纵向距离也为 148,所以 sy 改变的值为 148,得出第 frm + 1 幅动画帧的纵坐标为 frm * 148。

而后四个参数就代表在位置(20,20)开始绘制图像,长宽度为 201 * 148。

效果如图 10 - 3 所示。

图 10 - 3　精灵动画

在循环绘制动画帧前先定义了一个变量 frm 并初始化为 0,代表的是目前的动画帧。然后在绘制完一张动画帧后将 frm 值自增 1,因此下一次绘制下一张动画帧。在最后添加一个判断语句,当 frm 值大于等于 4 时重置为 0,即绘制完四张动画帧后重新从第一张动画帧开始绘制下来。

10.2　提高绘图效能

10.2.1　预渲染

上一节中谈到了精灵动画的制作方法,会发现当播放这个动画帧的时候,通常是在连续的多个帧之中重复绘制相似的几个动画帧,因此可以先把图像中不同动画帧先绘制在一个不可见的画布上,当需要更换动画帧时,再把这个预先绘制好的画布渲染到可见的画布上。这种预渲染的技术能够极大地提供绘图效率,尤其适用于精灵动画,对于移动设备来说,这种技术降低了性能开销、减少了移动设备的电池损耗。

下面利用这一技术,把不同的动画帧预先绘制到不可见的 canvas 上,需要更换显示动画帧时才把不同的 canvas 渲染到可见画布中。实现例子如代码清单 10-4 所示。

代码清单　10-4

```
var canvas = document. getElementById( "myCanvas" );

var context = canvas. getContext( "2d" );

var image = new Image( );

image. src = "鱼动画. png";

image. onload = function ( ) {

    var frames = [ ];

    for ( var i = 0; i < 4; i + + ) {

        var can = document. createElement( "canvas" );

        can. width = 201;

        can. height = 148;

        var ctx = can. getContext( "2d" );

        ctx. drawImage( image, 0, i * 148, 201, 148, 0, 0, 201, 148);

        frames[ i ] = can;

    }


    var frm = 0;

    setInterval( function ( ) {

        context. clearRect( 0, 0, 250, 200);

        context. drawImage( frames[ frm ], 20, 20);

        frm + +;

        if ( frm > = 4) frm = 0;

    }, 200);

};
```

在图像加载完后,并不是马上在画布上绘制图像中的动画帧,而是先利用一个循环语句,循环 4 次把图像上的 4 张动画帧分别绘制到一个新建的 canvas 对象,并放入到数组 frames 中,此时就是所提到的预渲染过程。

经过预选渲染,数组对象 frames 中的 4 个元素分别保存了绘制有 4 张动画帧的不可见 canvas,下一步的工作就是重复绘制图像了,依次绘制的对象是先前准备好的 canvas 对象而不是图像对象 image。最终的精灵动画效果与之前所看见的基本上没有区别,只不过采用这种预渲染的技术能够获取极大的性能提高。

10.2.2　多层画布

在很多的时候,例如动画、广告和游戏中,都是由固定不动的背景图和动态的图像(前景)组合而成的。面对这种情况,每一次重绘画布时,都需要把背景和前景全部擦除,然后再重新绘制,但是绘制背景图的费用是很高昂的,并且实际上并不需要重绘背景图。既然只有前景有变化,那么只需重绘前景就好了。

怎么做到这一点呢?就需要把画布分层,一般来说可以分为专门绘制背景图的背景画布和专门绘制动态前景图的前景画布。每次需要修改前景图时,背景画布保持原样,只需擦除前景画布并重绘即可,这样做也能把绘图性能提高很多。

设置多层画布的方法的程序段如代码清单10－5所示。

代码清单　10－5

```
< canvas id = " background" width = "800" height = "374" style = " border: solid; position: abso-
lute; z－index: 0" >
< /canvas >
< canvas id = "myCanvas" width = "800" height = "374" style = " border: solid; position: absolute;
z－index: 1" >
    你的浏览器不支持canvas画布元素,请更新浏览器获得演示效果.
< /canvas >
```

设置style属性中的"position:absolute",意思是令两张画布绝对定位并重叠在一起,形成分层的画布。随后还在设置画布的"z－index",即为多层画布设置一个前后顺序,数值越大代表越上层,那么前景的图像就不会被背景挡住了。

随后分别在背景画布中绘制背景图像,在前景画布中绘制平移游动的鱼图像,每次鱼更改位置时只需重绘前景画布就可以了,实现例子如代码清单10－6所示。

代码清单　10－6

```
var backCanvas = document. getElementById( " background" );
var backContext = backCanvas. getContext( "2d" );
var background = new Image( );
background. src = "海底. png";
background. onload = function ( ) {
    backContext. drawImage( background, 0, 0);
};
```

```
var canvas = document.getElementById("myCanvas");
var context = canvas.getContext("2d");
var image = new Image();
image.src = "鱼.png";
image.onload = function() {
    var x = -200, y = 150;
    setInterval(function() {
        context.clearRect(0, 0, 800, 374);
        context.save();
        context.translate(x, y);
        context.drawImage(image, 0, 0);
        context.restore();
        x += 1;
        if (x >= 800) {
            x = -200;
        }
    }, 1000 / 60);
};
```

上述代码都是前面已讲述过的,差别主要在于:分开了两层的画布,一个用于绘制静态的背景图;另一个绘制动态的前景图。

虽然编码相比起一张画布来说稍微复杂些,但是性能却可以大大提高,所以多付出的功夫还是值得的。

在后续章节代码中,为了方便讲述和容易理解,统一采用只在一张画布中重绘,有兴趣的读者可以修改示例源码,分别采用预渲染和多层画布技术。

10.3 消息响应

10.3.1 鼠标响应

在 HTML5 动画交互响应也成了很重要的角色,所谓的交互就是指按照用户的输入而产生响应,一般是针对用户的鼠标或键盘产生的响应行为。下面介绍几个函数来让画布对鼠标响应产生反应。

利用浏览器 DOM 中提供的方法 addEventListener( ) 来为一个元素添加鼠标响应,如下。

canvas. addEventListener(type, listener, useCapture)

这个方法接收三个参数,第一个参数 type 是指监听的时间类型,DOM 除了对鼠标能产生响应,还可以对键盘能产生响应,所以添加鼠标响应时用到的类型有"mousedown"、"mousemove"和"mouseup"。

第二个参数 listener 是指监听的响应函数,即当事件发生时调用的函数。于是利用这个函数可以得知鼠标点击的位置和动作。

第三个参数 useCapture 是指是否捕获鼠标事件,输入 false 就好。

对于事件类型 type,若为"mousedown",则在鼠标按下的时候调用。若为"mouse-move",则在鼠标移动的时候调用,所以在鼠标移动的过程中,mousemove 事件会调用多次。若为"mouseup",则在鼠标松开的时候调用。给出下面一段例子来测试一下鼠标响应时间,实现例子如代码清单 10 – 7 所示。

代码清单　10 – 7

```
var canvas = document. getElementById( "myCanvas") ;
var context = canvas. getContext( "2d") ;

canvas. addEventListener( "mousedown", function (e) {
    console. log( "mousedown") ;
}, false) ;

canvas. addEventListener( "mousemove", function (e) {
    console. log( "mousemove") ;
}, false) ;

canvas. addEventListener( "mouseup", function (e) {
    console. log( "mouseup") ;
}, false) ;
```

有时候需要检测鼠标拖动(按下状态时的移动)的消息响应,这个也非常容易实现,只需添加一个变量来记录鼠标是否按下的状态,然后在 mousemove 的响应中判断这个状态即可知道是否是鼠标拖动,实现例子如代码清单 10 – 8 所示。

代码清单　10 – 8

```
var canvas = document. getElementById( "myCanvas") ;
```

```
var context = canvas.getContext("2d");
var isMouseDown = false;

canvas.addEventListener("mousedown", function(e) {
    console.log("mousedown");
    isMouseDown = true;
}, false);

canvas.addEventListener("mousemove", function(e) {
    if (isMouseDown) {
        console.log("mousedrag");
    } else {
        console.log("mousemove");
    }
}, false);

canvas.addEventListener("mouseup", function(e) {
    console.log("mouseup");
    isMouseDown = false;
}, false);
```

定义了一个变量 isMouseDown 来记录鼠标按下的状态,false 代表鼠标没有按下,true 代表鼠标按下了。因此在 mousedown 消息响应中把变量 isMouseDown 赋值为 true,在 mouseup 消息响应中把变量 isMouseDown 赋值为 false,即可记录下鼠标按下的状态。

10.3.2 鼠标事件中的属性

每当事件发生就会调用响应函数(即函数的 listener 函数),并且传入一个 event 对象的参数。这个 event 对象包含了事件的各种信息。对于鼠标响应事件,里面包含了鼠标事件发生时鼠标所在的坐标位置,因此可以获取到鼠标位置。

下面看一个例子,用 addEventListener 函数获取鼠标按下时的鼠标位置,实现例子如代码清单 10-9 所示。

代码清单　10-9

```
var canvas = document.getElementById("myCanvas");
var context = canvas.getContext("2d");
```

```
canvas. addEventListener("mousedown", function (e) {
    var mouseX = e. pageX – canvas. clientLeft;
    var mouseY = e. pageY – canvas. clientTop;
    console. log( mouseX + "," + mouseY);
}, false);
```

上述例子中,定义了一个匿名函数并传入到 addEventListener 函数的监听函数中,因此每次单击鼠标就会调用这个匿名函数。匿名函数接收一个参数,这个是浏览器获取鼠标单击事件的信息,保存到一个对象 event 并转入到这个函数中,因此获取这个对象的pageX 和 pageY 属性,这两个属性记录了单击时鼠标相对于页面的坐标位置,同样是以左上角为坐标原点。因此用这两个属性减去画布的顶部位置和左边框的位置即得到了鼠标在画布上的所在位置。

10.3.3 简单画板

利用鼠标响应和绘图函数,可以简单地记录鼠标滑过的痕迹,并绘制出其上的线条,即做一个简单画板,只要单击鼠标并在画布上移动,即可绘制线条,就像系统画图上的做图功能一样。

最终效果图如图 10－4 所示。

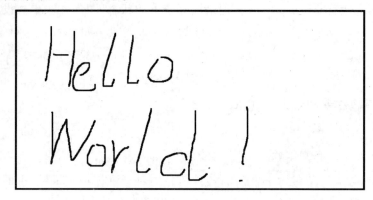

图 10－4　画板效果

下面给出简单画板的代码清单,实现如代码清单 10－10 所示。

代码清单　　10－10

```
var canvas = document. getElementById("myCanvas");
var context = canvas. getContext("2d");
```

```
var mouseDown = false;
var mouseX = 0;
var mouseY = 0;
var preX = 0;
var preY = 0;
canvas. addEventListener("mousedown", onMouseDown, false);
canvas. addEventListener("mousemove", onMouseMove, false);
canvas. addEventListener("mouseup", onMouseUp, false);

function onMouseDown(e) {
    mouseDown = true;
    preX = e. pageX - canvas. clientLeft;
    preY = e. pageY - canvas. clientTop;
}

function onMouseMove(e) {
    if (mouseDown) {
        mouseX = e. pageX - canvas. clientLeft;
        mouseY = e. pageY - canvas. clientTop;
        context. lineWidth = 2;
        context. beginPath();
        context. moveTo(preX, preY);
        context. lineTo(mouseX, mouseY);
        context. stroke();
        preX = mouseX;
        preY = mouseY;
    }
}

function onMouseUp(e) {
    mouseDown = false
}
```

上述代码中,利用 addEventListener( )方法为画布元素 canvas 添加了三个事件响应:

```
canvas. addEventListener("mousedown", onMouseDown, false);
canvas. addEventListener("mousemove", onMouseMove, false);
canvas. addEventListener("mouseup", onMouseUp, false);
```

分别是 mousedown 鼠标按下事件、mousemove 鼠标移动事件和 mouseup 鼠标松开事件,并且对事件的响应分别调用对应的函数 onMouseDown( )、onMouseMove( )和 onMouse-Up( ),这三个函数都之后定义。要注意的一点是,虽然执行到添加事件响应时这三个响应函数还没有定义,但是 JavaScript 是允许的。只要在同一个文件中定义了函数,那么在同文件中的任何位置都可以访问到这个定义的函数,所以上述三种情况下的事件发生,都能够调用负责处理事件的函数。

在程序开始处定义 5 个全局变量 mouseDown、mouseX、mouseY、preX 和 preY。其中 mouseDown 用于保存此时鼠标状态是否处于按下状态,因为想要鼠标按下以后才开始绘制线条,所以要通过判定这个变量来检测鼠标是否为按下状态。

而 mouseX 和 mouseY 保存的是此时刻鼠标的位置,preX 和 preY 保存的是上一次鼠标响应时鼠标的位置。这四个变量主要用于记录鼠标移动时滑过的痕迹,以便在这两个位置上绘制直线。

在函数 onMouseDown( )中的任务是记录鼠标按下的状态,即赋值 true 给 mouseDown,并且记录下鼠标按下时的位置,从而当鼠标移动时能够绘制移动轨迹。

函数 onMouseUp( )负责的是取消鼠标按下的状态,即赋值 false 给 mouseDown。

函数 onMouseMove( )负责的是判断鼠标是否处于按下状态,如果不是,则什么都不做。如果鼠标按下了,那么获取实际鼠标的位置,并且从上一个位置绘制直线到当前位置,如下。

```
mouseX = e. pageX - canvas. clientLeft;
mouseY = e. pageY - canvas. clientTop;
context. lineWidth = 2;
context. beginPath( );
context. moveTo( preX, preY);
context. lineTo( mouseX, mouseY);
context. stroke( );
```

最后更新当前位置给 preX 和 preY,如下。

```
preX = mouseX;
preY = mouseY;
```

运行以上代码后,浏览器中的画布就会监听鼠标事件,按下鼠标就可以在画布上绘图了。

10.3.4　键盘响应

除了鼠标响应以外,有时候也需要用到键盘响应,例如常用的方向键和英文数字键,而这个时候就需要为浏览器添加键盘响应。添加的方法跟鼠标响应添加方法一致,要使用到 DOM 中提供的方法 addEventListener( ),不过这时候在参数 type 中的类型有所不同。

　　键盘响应中一共有三种不同的响应类型,分别是"keydown"、"keypress"和"keyup","keydown"和 keypress"类型对应的键盘事件是键盘按下,而"keyup"对应的事件为键盘松开。

　　下面给出一个测试例子,用于响应键盘响应,实现例子如代码清单 10 – 11 所示。

代码清单　10 – 11

```
var canvas = document. getElementById( "myCanvas");
var context = canvas. getContext( "2d");

document. addEventListener( "keydown", function (e) {
    console. log( "keydown");
}, false);

document. addEventListener( "keypress", function (e) {
    console. log( "keypress");
}, false);

document. addEventListener( "keyup", function (e) {
    console. log( "keyup");
}, false);
```

　　在上述例子中分别添加了"keydown"、"keypress"和"keyup"的键盘响应,并且在响应函数中向调试台输出相应的信息,以此来测试键盘响应的发生顺序。"keydown"和"keypress"差别在于,类型"keydown"和"keyup"对键盘上的大部分按键都能够响应,包括系统功能键(例如退格键、Ctrl 键或 Alt 键等),但是它们对字母大小写输入不敏感,可以说这两种类型的键盘响应时针对键盘上的按键,而不是按键的含义。而类型"keypress"不能检测到系统功能键的按下,但是能够对大小写字母进行识别。

　　上述例子中需要注意的一点是:添加键盘响应的对象是 document 而并非是 canvas,否则对 canvas 添加键盘响应会没有效果。

10.3.5　键盘事件中的属性

　　对于键盘响应时间,同样能够在响应函数中获取到传进来的事件对象 Event,这个对象也包含了按下键盘时的各种属性值,一般来说只需要知道其中的属性值 keyCode 即可,这个属性值代表了按下键的虚拟键码值。

这里要注意的一点是,对于个别浏览器,event 对象还可能包含属性值 charCode,这个属性值在"keydown"和"keyup"时为 0,而在"keypress"时代表了按下的字符值。对于这种情况,建议只使用类型"keydown"和"keyup"的键盘事件,因为这两个类型在不同浏览器下的行为大致相同。

下面给出在 Google 浏览器上测试的结果,实现例子如代码清单 10 – 12 所示。

代码清单　　10 – 12

```
var canvas = document. getElementById("myCanvas");
var context = canvas. getContext("2d");


document. addEventListener("keydown", function (e) {
    console. log("keydown");
    console. log( e. keyCode);
}, false);

document. addEventListener("keypress", function (e) {
    console. log("keypress");
    console. log( e. keyCode);
}, false);

document. addEventListener("keyup", function (e) {
    console. log("keyup");
    console. log( e. keyCode);
}, false);
```

在每个响应函数的后面添加了把 keyCode 属性值输出的控制台上显示。

"keydown"和"keyup"事件对大小写不敏感,即无论是大写或是小写状态下输入字符,获取到的 keyCode 的虚拟键码值都一样,那么应该怎样去判别大小写输入呢? 只需用一个变量来记录 shift 键按下的状态,按下状态时的字符为大写,松开状态时的字符为小写,利用同样的方法也可以记录键"Caps Lock"的状态,这里只演示记录 shift 键的情况,实现例子如代码清单 10 – 13 所示。

代码清单　　10 – 13

```
var canvas = document. getElementById("myCanvas");
var context = canvas. getContext("2d");
var isShiftDown = false;
```

```
document. addEventListener("keydown", function (e) {
    if (e. keyCode = = 16) {
        isShiftDown = true;
    }
    if (e. keyCode = = 65) {
        if (isShiftDown) {
            console. log("输入了大写字母 A")
        } else {
            console. log("输入了小写字母 a")
        }
    }
}, false);

document. addEventListener("keyup", function (e) {
    if (e. keyCode = = 16) {
        isShiftDown = false;
    }
}, false);
```

代码中用变量 isShiftDown 记录下"shift"键的按下状态,false 代表"shift"键松开,true 代表"shift"键按下,相对应地在"keydown"中检测虚拟键码值,若为 16,即"shift"键按下了,将变量 isShiftDown 赋值为 true,而在"keyup"则设置为 false。

基于上述例子,做一个简单的"记事本"程序。这个程序中要用到的函数新增有 String. fromCharCode(keycode),这个函数接收一个字符代码为参数,再把代码对应的大小写字符作为返回值,因此利用函数可以获取到按下的字符。

上下文对象的 measureText(string)方法,这个方法用于返回字符串的宽度,因为当打印字符的总长度超过画布范围时,需要换行,因此用这个方法来测定字符串宽度与画布宽度的大小关系,以此来判定换行时机。

当然还有绘制文本的方法 fillText(string, x, y)。

最终效果如图 10 - 5 所示。

下面给出实现如代码清单 10 - 14 所示。

qwertyuiopasdfghjklz
xcvbnmQWERTYUIO
PASDFGHJKLZXCV
BNMaa

图 10 - 5　记事本

```
var canvas = document. getElementById( "myCanvas" ) ;
var context = canvas. getContext( "2d" ) ;
document. addEventListener( "keydown", onKeyDown, false) ;
document. addEventListener( "keyup", onKeyUp, false) ;
setInterval( update, 1000 / 60) ;
var isShiftDown = false;
var text = [ ] ;
var string = "";

function onKeyDown( e) {
    var code = e. keyCode;
    if ( code = = 16) {
        isShiftDown = true;
    }
    if ( code > = 65 && code < = 90) {
        if ( isShiftDown) {
            string + = String. fromCharCode( code) ;
        } else {
            string + = String. fromCharCode( code + 32) ;
        }
    }
}
function onKeyUp( e) {
    if ( e. keyCode = = 16) {
        isShiftDown = false;
    }
}

var x = 10, y = 40;
function update( ) {
    context. clearRect(0, 0, 400, 400) ;
    context. save( ) ;
    context. font = "40px Arial";
    context. fillText( string, x, y) ;
    if ( context. measureText( string) . width > = 360) {
        text. push( string) ;
```

```
        string = "";
        y += 40;
    }
    for (var i = 0; i < text.length; i++) {
        context.fillText(text[i], x, (i + 1) * 40);
    }
    context.restore();
}
```

在上述代码中,首先定义 3 个函数 onKeyDown、onKeyUp 和 update,分别是键盘按下响应函数、键盘松开响应函数和更新文本函数。

在 onKeyDown 响应函数中,同样地使用一个全局变量 isShiftDown 来记录"shift"键的按下状态,以此判定输入字符的大小写。并且通过查表知道,字符 A ～ Z 对应的虚拟键码值为 65 ～ 90,可以加入一个判断语句,只有键码在这范围内才响应并添加在文本中。在内部通过判断 isShiftDown 的状态,按下时直接把虚拟键码值转为字符,即为大写状态。否则把键码值加上 32 后再转为小写字符,其中的值 32 是小写字母比大写字母多出的键码值。

在 onKeyUp 响应函数中,只负责改变 isShiftDown 的状态,当松开"shift"键的时候,将变量 isShiftDown 赋值为 false。

在 update 更新函数中,主要任务是把全局变量 string 中记录下的打印文本绘制到画布上。在每次重绘前一定要先擦除画布,之后设置文本的字体大小和字体名称,并且把 string 中的文本绘制到画布上。

但是需要做的额外操作是判定文本宽度,当超出画布范围时进行换行。为此利用了上下文对象的方法 context.measureText(string),这个方法返回一个对象,这个对象中的属性 width 表示了文本在画布中占据的宽度。如果超出画布宽度,那么把这一行文本添加到一个数组 text 中,这个数组的每一个元素代表的是每一行文本。之后把 string 清空,并且把绘制位置往下移动 40 个距离,即进行操作 y += 40。

剩下的工作是绘制已经记录在 text 数组中的文本,利用一个 for 循环语句编历 text 数组,并把每一行文本绘制在画布对应的位置上。

10.4　设备事件

前面也提到过了,HTML5 的发展趋势在于移动设备。如今智能手机和平板电脑随处可见,基于这些设备的操作上,浏览器中特别为了移动设备的交互而引入了一种新的操作方式,随之新的设备事件就应运而生了。

10.4.1 触摸与手势事件

早期 iOS 版的 Safari 浏览器最先增设了手机的触摸事件,随着安卓机的发展和进入市场,随后 W3C 组织规范了 touch 事件。目前大多数浏览器都支持了移动设备中的触摸和手势事件。

其中触摸事件的行为与鼠标响应事件非常相近,所以事件类型和属性中都可看出是鼠标事件的变形。以下是触摸事件的各种事件类型。

❖ touchstart:当手指开始接触屏幕时触发。

❖ touchmove:当手指在屏幕上滑动时连续触摸。

❖ touchend:当手指移开屏幕时触摸。

❖ touchcancel:当系统取消对触摸跟踪时触摸。

其中添加事件的方法为

document. addEventListener("touchstart", fun(e) {});

document. addEventListener("touchmove", fun(e) {});

document. addEventListener("touchend", fun(e) {});

document. addEventListener("touchcancel", fun(e) {});

其中触摸事件传入的事件对象中,都提供了鼠标事件中的常见属性,包括有熟悉的 pageX 和 pageY。但是稍有不同的是:触摸事件中还包括了另外 3 个属性,分别是 touches 属性、targetTouches 属性和 changeTouches 属性,这 3 个属性都是一个数组对象,保存了当前的所有触摸对象,即触摸到屏幕上的所有对象数。由于目前支持多点触摸的浏览器数并不大,因此一般情况下触摸对象只有 1 个。

由于 Chrome 浏览器便于开发者开发适用于手机浏览器的应用网站,特意在浏览器中加入了手机浏览器模拟器,因此可利用该模拟器测试以下触摸事件,下面给出测试的实现如代码清单 10 − 15 所示。

代码清单　10 −15

```
var canvas  = document. getElementById( "myCanvas");
var context  = canvas. getContext( "2d");
canvas. addEventListener( "touchstart", function ( e) {
    console. log( "touch start");
    console. log( e. touches[ 0]. pageX);
    console. log( e. touches[ 0]. pageY);
});
```

```
canvas. addEventListener("touchmove", function (e) {
    console. log("touch move");
});
canvas. addEventListener("touchend", function (e) {
    console. log("touch end");
});
canvas. addEventListener("touchcancel", function (e) {
    console. log("touch cancel");
});
```

分别为 4 种触摸事件类型添加事件响应,并在触摸发生时获取第一个触摸对象并输出该对象所在的页面位置。

运行浏览器,发生鼠标对画布完全不起作用,所以只能利用 Chrome 浏览器提供的手机浏览器模拟器来测试代码。

步骤是:打开"开发者工具",在下方弹出来的调试台中,找到右上角中的小图标如图 10 - 6 所示。

图 10 - 6　小图标

标识显示着"Show console",单击打开,可见调试台下面再多出来一个手机浏览器模拟器。此时选择"Emulation",并选择其中一款手机型号,单击"Emulate"后即成功运行手机模拟器。此时显示页面变小,模仿出在手机屏幕上看到的大小,并且鼠标光标也变成了圆状,用来模拟手指的点击。

此时点击画布中的空白位置,可见调试台分别输出了触摸位置和事件响应时输出的消息。

如果没有在 Chrome 浏览器中找到响应的设置按钮,请尝试更新到最新版本。

除此以外,部分浏览器还支持手势事件,用于改变显示项的大小或者旋转显示项。在 iOS 的 Safari 浏览器下,分别有以下 3 个手势事件。

❖ gesturestart:当一个手指已经落在屏幕上时,另一个手指又触摸了屏幕。

❖ gesturechange:当触摸屏幕的任何一个手指位置发生变化时。

❖ gestureebd:当任何一个手指从屏幕上移开时。

对于不同浏览器也有作用类型相同但是事件命名不一样的事件响应,具体可查阅不同浏览器下支持的事件类型。

10.4.2 方向事件

用过安卓手机或苹果手机就能够知道,手机上有重力感应的功能,并且很多软件都基于这个功能来设计一些应用,包括指南针或其他一些有趣的功能。而目前浏览器中也为手机的重力感应添加了事件响应。

设备在三维空间中可以看成由三个方向来定位的,即 x、y 和 z 轴。这三条轴以手机的屏幕来确定,即人在面向着屏幕时,z 轴正向从前往后,x 轴正向从左往右,y 轴正向从下往上。

需要添加设备方向变化的事件响应时,可以利用事件类型"deviceorientation"来添加

window. addEventListener("deviceorientation", fun(e) {});

事件响应时同样也会向响应函数中传入一个事件对象,对于该事件的事件对象,共有 3 个属性,其中 alpha 属性表示围绕 z 轴旋转的度数差,beta 属性表示围绕 x 轴旋转的度数差,gamma 表示围绕 y 轴旋转的度数差。

另外还有一个"devicemotion"事件,该事件表示的是设备什么时候在移动,并且移动的方向是在哪边。因此可以利用这个事件追踪手机移动过的路径,检测手机是否在摇动或其他的手机动作。

添加方式一样,如下。

window. addEventListener("devicemotion", fun(e) {});

其中较常用的属性有 acceleration 属性,表示不考虑重力加速度的情况下,各方向上的重力加速度。

10.5 小结

这一章中主要介绍了动画的产生方式,其中讲述了通过改变变换矩阵而产生的动画和精灵动画。每一帧改变绘图时的变换矩阵并重绘图像,使得图像产生平移、旋转或者缩放的动画。而精灵动画就是利用一组动画帧,依次播放不同帧中的图像,以完成更加复杂的动画显示。

为了提高动画游戏渲染效果,给出了预渲染及多层画布技术,另外还介绍了网页中的交互操作,PC 设备上包括鼠标和键盘的响应,而移动设备上就包括设备方向感应和触摸手势。利用好不同平台上的交互操作方式,可以使动画或游戏具有跨平台性,并且有更好的交互效果。

10.6 习题

1. 若要一个函数每秒 60 次地重复执行,以下语句正确的是:(fun 是函数对象)

A. setInterval(fun, 60)

B. setInterval(fun, 1 / 60)

C. setInterval(fun, 0.6)

D. setInterval(fun, 1000 / 60)

2. 以下事件类型中,不属于鼠标事件的是:

A. mousedown

B. mousemove

C. mousedrag

D. mouseup

3. 以下有关事件类型 keydown 和 keypress 的说法中,错误的是:

A. keydown 能响应系统功能键,keypress 不能

B. keydown 和 keypress 能可以响应字符键

C. keydown 对字符键大小写不敏感

D. 按下字符键时只能响应 keydown 和 keypress 其中一个事件,不能同时响应

4. 按下"shift + A"键时,keydown 事件中的属性 keyCode 的值是:

A. 65

B. 97

C. "A"

D. "a"

5. 根据平移动画的产生原理,编写程序,做一个图像放大缩小的动画。

6. 尝试编写程序,使画布上的鱼图像自动移动到鼠标按下的位置。

第 11 章   HTML5 动画设计

本章中涉及 3 个动画设计例程。其中先以鱼游动的例程来逐步介绍一个简单的动画组成步骤,并且分别列出使用面向过程和面向对象的编程方法,让读者可以更清楚地了解面向对象编程的特点与方便之处。

最后,分别介绍了一个简单的广告例程和动画演示例程,从不同方面演示了利用HTML5画布设计动画的技术。

11.1   鱼游动动画设计

11.1.1   精灵作平移动画

上一章中介绍到了 setInterval( )函数的应用和比较简单的平移动画和精灵动画,本节介绍将要把这两种动画结合在一起,做一个鱼游动的动画。

最终效果如图 11 – 1 所示。

图 11 –1   鱼游动动画

下面给出实现如代码清单 11－1 所示。

代码清单　11－1

```
var context = canvas. getContext( "2d" ) ;
var canvas = document. getElementById( "myCanvas" ) ;
var context = canvas. getContext( "2d" ) ;
var image = new Image( ) ;
var background = new Image( ) ;
background. src = "海底. png" ;
image. src = "鱼动画. png" ;
image. onload = function ( ) {
    var frm = 0, dis = 0;
    var x = -200, y = 150;
    setInterval( function( ) {
        context. clearRect( 0, 0, 800, 374 ) ;
        context. drawImage( background, 0, 0 ) ;
        context. save( ) ;
        context. translate( x, y ) ;
        context. drawImage( image, 0, frm * 148, 201, 148, 0, 0, 201, 148 ) ;
        context. restore( ) ;
        x + = 2;
        if ( x > = 800 ) {
            x = -200;
        }
        dis + + ;
        if ( dis > = 20 ) {
            dis = 0;
            frm + + ;
            if ( frm > = 4 ) frm = 0;
        }
    }, 1000 / 60 ) ;
};
```

画布大小设置为宽度 800 像素,高度 374 像素,以符合海底背景图的大小。

需要改变的代码不多,在每次擦除画布后,先要绘制海底背景,要注意的是绘制顺序,默认情况下,先绘制的图像会被后绘制的图像覆盖,所以先把海底背景绘制到画布上。

通过平移画布来确定鱼的绘制位置,因此鱼的起始位置为(-200,150),之后每一帧把横坐标 x 自增 2,使得鱼水平往右移动。同时加入 if 判断语句,当鱼游过画布右端时重置在画布最左端。

而且用到了分割动画,所以每隔一段时间需要更新动画帧。由于现在是以 1000 / 60 的时间间隔重绘画布,即每秒 60 帧的速度重绘。如果每帧都更换动画帧的话,那么显示效果太快以至于看不清楚。所以定义一个值来保存更换动画帧的间隔帧数,同时定义一个全局变量 dis,每一帧都自增 1,并且通过 if 判断语句,判断每过 20 帧才更换鱼的动画帧并将 dis 重置为 0,相当于一个计时器的存在。

11.1.2　添加上下移动动作

如果不满意鱼游动只是单调地做水平移动,那么可以添加一些运算来增加鱼游动时出现的时而上时而下游动动作。

只需在每次更新坐标时,为纵坐标 y 添加一条正弦函数计算

y = 150 + 50 * Math. sin(Math. PI / 100 * x);

这条计算式根据横坐标 x 的位置计算出上下的偏移量 Math. sin(Math. PI / 100 * x),系数值 50 代表偏移的幅度,150 表示正弦曲线上的平均高度。鱼游动的动作变成波纹状,完整例子如代码清单 11 -2 所示。

代码清单　11 -2

```
var context = canvas. getContext("2d");
var image = new Image();
var background = new Image();
background. src = "海底. png";
image. src = "鱼动画. png";
image. onload = function () {
    var i = 0, dis = 0;
    var x = -200, y = 150;
    setInterval( function() {
        context. clearRect(0, 0, 800, 374);
        context. drawImage( background, 0, 0);
        context. save();
        context. translate( x, y);
        context. drawImage( image, 0, i * 148, 201, 148, 0, 0, 201, 148);
        context. restore();
        x += 2;
```

```
        if (x >= 800) {
            x = -200;
        }
        y = 150 + 50 * Math.sin(Math.PI / 100 * x);
        dis++;
        if (dis >= 20) {
            dis = 0;
            i++;
            if (i >= 4) i = 0;
        }
    }, 1000 / 60);
};
```

代码清单中加粗的一行代码就是新添加的代码,只需添加一行代码,鱼游动的动作就变得更加生动了。

11.1.3　面向对象编程实现

假如需要在例子中添加多条鱼游动,每条鱼的位置不同,并且分割动画的动画帧也不相同,那么现在就需要用多个变量来保存不同鱼的位置和动画帧数。可想而知,代码就会变得非常混乱而难以维护。

不妨使用面向对象的方法重写上述代码,这样便使代码整洁、条理清晰,而且扩展也方便。

可以把鱼看成是一个对象 Fish,每条鱼都有自己的位置、图像、动画帧数,而这些都可以作为鱼的属性,鱼不断往前游动的动作就可以看作是鱼的方法。既然属性和方法都已经清楚了,便可以开始编写 Fish 对象,实现例子如代码清单 11 - 3 所示。

代码清单　11 - 3

```
var context = canvas.getContext("2d");
var Fish = function (image, x, y) {
    this.image = image;
    this.x = x;
    this.y = y;
    this.averageY = y;
    this.frm = 0;
    this.dis = 0;
```

```
};
Fish. prototype. draw = function ( ctx) {
    ctx. save( );
    ctx. translate( this. x, this. y);
    ctx. drawImage( this. image, 0, this. i * 148, 201, 148, 0, 0, 201, 148);
    ctx. restore( );
    this. x + = 2;
    if ( this. x > = 800) {
        this. x = -200;
    }
    this. y = this. averageY + 50 * Math. sin( Math. PI / 100 * this. x);
    this. dis + +;
    if ( this. dis > = 20) {
        this. dis = 0;
        this. frm + +;
        if ( this. frm > = 4) this. frm = 0;
    }
}
```

　　Fish 对象的构造函数接收 3 个参数,第一个参数 image 表示鱼的图像;后两个参数代表鱼的起始位置 x 和 y。除此以外,还有属性 averageY 保存正弦运动时的水平高度,frm 表示动画帧数,dis 表示动画帧间相隔的帧数。

　　Fish 对象还有一个绘制方法 draw( ),这个方法负责控制鱼的位置,即根据起始位置来控制鱼做游动的位置和更换动画帧。方法中的代码与之前的绘制函数差异不大,差别在于只负责绘制鱼本身的图像,没有包括擦除画布。该方法接收一个参数 ctx,代表的是当前画布上下文,只有获取上下文才能完成图像的绘制。

　　编写完 Fish 对象的时候,新建一个鱼的对象的方法如下。

var fish = new Fish(image, x, y);

　　只要向构造函数中传入相应的图像 image 和起始位置即可。

　　需要重绘鱼图像的时候,只需调用 Fish 对象的 draw( )方法并传入画布的上下文对象即可,并添加多条鱼在海底背景上,实现例子如代码清单 11 -4 所示。

代码清单　11 -4

```
var canvas = document. getElementById( "myCanvas");
var context = canvas. getContext( "2d");
var image = new Image( );
```

```
var background = new Image();
background. src = "海底. png";
image. src = "鱼动画. png";
image. onload = function ( ) {
    var fish1 = new Fish( image, -200, 20);
    var fish2 = new Fish( image, 20, 200);
    var fish3 = new Fish( image, 240, 50);
    var fish4 = new Fish( image, 480, 110);
    setInterval( function( ) {
        context. clearRect(0, 0, 800, 374);
        context. drawImage( background, 0, 0);
        fish1. draw( context);
        fish2. draw( context);
        fish3. draw( context);
        fish4. draw( context);
    }, 1000 / 60);
};


var Fish = function ( image, x, y) {
    this. image = image;
    this. x = x;
    this. y = y;
    this. averageY = y;
    this. frm = 0;
    this. dis = 0;
};
Fish. prototype. draw = function ( ctx) {
    ctx. save();
    ctx. translate( this. x, this. y);
    ctx. drawImage( this. image, 0, this. frm * 148, 201, 148, 0, 0, 201, 148);
    ctx. restore();
    this. x += 2;
    if ( this. x >= 800) {
        this. x = -200;
    }
    this. y = this. averageY + 50 * Math. sin( Math. PI / 100 * this. x);
    this. dis + +;
```

```
        if (this. dis  > = 20) {
            this. dis  = 0;
            this. frm + + ;
            if (this. frm  > = 4)  this. frm = 0;
        }
    }
```

现在,在 setInterval( )函数中,只负责擦除画布并重绘背景图,然后鱼图像的绘制就交给 Fish 对象内部来负责处理,如果想要修改鱼的游动动作,只需要修改 Fish 对象的代码即可,而这就是面向对象编程的方便之处,效果如图 11 – 2 所示。

图 11 – 2   鱼游动动画

11.1.4   修改 Fish 对象

由于 Fish 对象内部用到了分割动画,对于不同大小的鱼图像,每一幅动画帧的大小也就有所不同,所以当增加其他鱼图像的时候,需要修改 Fish 内部绘制的动画帧大小。因此需要为 Fish 对象增加属性 width 和 height 来保存不同鱼图像的动画帧大小。

另外还希望鱼游动的时候每隔一段时间改变水平移动的速度,所以还需要添加速度属性 velocity 和控制改变速度之间的帧数 disV。下面是新修改的 Fish 对象,实现如代码清单 11 –5 所示。

代码清单   11 –5

```
var Fish  = function (image, x, y, width, height) {
    this. image  = image;
    this. x  = x;
    this. y  = y;
    this. averageY  = y;
    this. width  = width;
```

```
        this. height  =  height;
        this. frm  =  0;
        this. dis  =  0;
        this. velocity  =  2;
        this. disV  =  0;
    };
    Fish. prototype. draw  =  function ( ctx) {
        ctx. save( ) ;
        ctx. translate( this. x,  this. y) ;
        ctx. drawImage( this. image,  0,  this. frm  *  this. height,  this. width,  this. height,  0,  0,  this.
width,  this. height) ;
        ctx. restore( ) ;
        this. x  +  =  this. velocity;
        this. disV + +;
        if ( this. disV  >  =  90) {
            this. velocity  =  1  +  2  *  Math. random( ) ;
        }
        if ( this. x  >  =  800) {
            this. x  =  −200;
        }
        this. y  =  this. averageY  +  50  *  Math. sin( Math. PI / 100  *  this. x) ;
        this. dis + +;
        if ( this. dis  >  =  20) {
            this. dis  =  0;
            this. frm + +;
            if ( this. frm >  =  4) this. frm  =  0;
        }
    }
```

构造函数新增加两个参数 width 和 height，用来确定鱼图像的动画帧大小。另外修改的地方还有 drawImage( ) 方法，把之前的固定数值修改为绘制对应鱼图像的大小。

因为需要改变鱼的游动速度，所以现在鱼的横坐标位置 x 自增 this. velocity 属性值，而属性值 this. velocity 每隔 90 帧改变一次，如下。

```
this. disV + +;
if ( this. disV  >  =  90) {
    this. velocity  =  1  +  2  *  Math. random( ) ;
}
```

由 Math 对象的 random( )方法取得随机数,乘以一个数值,得到的速度范围是 1 ～ 3 之间。

而新创建鱼对象时也应该多传入宽度和高度,如下。

var fish = new Fish(image, x, y, width, height);

下面增加 3 幅不同的鱼图像,实现如代码清单 11 –6 所示。

代码清单 11 –16

```
var context = canvas. getContext("2d");
var canvas = document. getElementById("myCanvas");
var context = canvas. getContext("2d");
var image = new Image();
var image2 = new Image();
var image3 = new Image();
var image4 = new Image();
var background = new Image();
background. src = "海底. png";
image. src = "鱼动画. png";
image2. src = "鱼动画2. png";
image3. src = "鱼动画3. png";
image4. src = "鱼动画4. png";
image4. onload = function () {
    var fish1 = new Fish(image, -200, 20, 201, 148);
    var fish2 = new Fish(image2, 20, 200, 200, 172);
    var fish3 = new Fish(image3, 240, 50, 200, 186);
    var fish4 = new Fish(image4, 480, 110, 200, 170);
    setInterval(function() {
        context. clearRect(0, 0, 800, 374);
        context. drawImage(background, 0, 0);

        fish1. draw(context);
        fish2. draw(context);
        fish3. draw(context);
        fish4. draw(context);
    }, 1000 / 60);
};
```

可见只需更改构造函数的传入参数个数,其他的代码都不用改变,效果如图 11 – 3

所示。

图 11 - 3　鱼游动动画

11.1.5　添加文字

在网页的广告设计中，当然也少不了文字的显示。下面就利用画布上下文的方法 fillText( )在画布中央添加文字。

不妨再次使用面向对象编程，新定义一个对象 ShowText，包含的属性有显示的文本内容 string，显示的坐标位置 x 和 y。如果还希望文字能够延迟一段时间才显示，那么同样可以定义一个属性 time 来保存延迟的帧数。

除了以上的属性，ShowText 对象同样也有自己的绘制方法 draw( )，这个方法接收一个参数，即画布的上下文对象。

确定好属性和方法后，开始编写 ShowText 对象，实现例子如代码清单 11 - 7 所示。

代码清单　11 - 7

```
var context = canvas. getContext("2d")
var ShowText = function (string, x, y, time) {
    this. string = string;
    this. x = x;
    this. y = y;
    this. time = time;
};
ShowText. prototype. draw = function (ctx) {
    if (this. time > = 0) {
        this. time - -;
    } else {
        context. save( );
        context. font = "50px Arial";
```

```
        context. fillText( this. string,  this. x,  this. y) ;
        context. restore( ) ;
    }
};
```

在绘制方法 draw( )中,先判断延迟的帧数,如果延迟帧数大于 0,那么将帧数自减 1。延迟帧数已经倒数完,便开始绘制文本。绘制方法用到了上下文对象提供的 fillText( )方法,在绘制前可以先设置文本的字体大小和字体名称,但是也不要忘记调用 save( )和 restore( )方法。

最后把上下文对象传给方法 draw( )就可以实现绘制,实现例子如代码清单 11 – 8 所示。

代码清单　11 – 8

```
    var context  = canvas. getContext( "2d" ) ;
    image4. onload  = function ( ) {
    var fish1  = new Fish( image,  –200,  20,  201,  148) ;
    var fish2  = new Fish( image2,  20,  200,  200,  173) ;
    var fish3  = new Fish( image3,  240,  50,  200,  186) ;
    var fish4  = new Fish( image4,  480,  110,  200,  170) ;
    var text  = new ShowText( "欢迎来到海底世界!",  200,  200,  120) ;

    setInterval( function( ) {
        context. clearRect( 0,  0,  800,  374) ;
        context. drawImage( background,  0,  0) ;
        fish1. draw( context) ;
        fish2. draw( context) ;
        fish3. draw( context) ;
        fish4. draw( context) ;
        text. draw( context) ;
    },  1000 / 60) ;
};
```

由于其余代码都相同,这里不再逐一列出。

上述代码中,新定义一个变量 text 保存 ShowText 对象的示例,再在回调函数中调用 text 的 draw( )方法。

如果不满足于简单的延时显现效果,那么可以稍微把 ShowText 对象的代码修改一下,做成从上往下移动进入画布。实现如代码清单 11 - 9 所示。

代码清单　11 - 9

```
var ShowText = function (string, x, y, time) {
    this. string = string;
    this. beginY = y - 300;
    this. x = x;
    this. y = y;
    this. time = time;
};
ShowText. prototype. draw = function (ctx) {
    if (this. time > = 0) {
        this. time - - ;
    } else {
        context. save ( ) ;
        context. font = "50px Arial";
        context. translate( this. x, this. beginY) ;
        context. fillText( this. string, 0, 0) ;
        context. restore ( ) ;

        if (this. beginY < = this. y) {
            this. beginY + = 2;
        }
    }
};
```

新的 ShowText 对象多出了一个属性 beginY,这个属性保存文本落下的开始位置,而原本的属性 y 表示最终位置,可见 beginY 的初始值设置为 y-300,即最终位置上方 300 像素的位置为落下开始位置。

通过 translate( ) 方法来确定文本的位置,不过也可以把位置传入到 fillText( ) 方法中,效果一样。

最后加入 if 判断语句,当落下位置还没达到最终位置时,就自增 2。也即往下移动两个像素的单位,所以呈现出落下的效果。

因为没有改变构造函数的传入参数,所以其余代码都不需要修改。最终的效果如图 11 - 4 所示。

图11-4 显示落下文字

经过延迟时间后,文字会从画布上方缓缓落下。

11.2 广告动画

现在结合上述章节中讲述的知识,设计一个在网页中经常见到的广告动画,其实展现形式无非就是之前所提到的图像移动和文字的出现。

广告动画的最终效果如图11-5所示。

图11-5 广告动画

广告中的动画效果有

❖ 广告中的文字按照顺序从右往左飞入到画布之中。

❖ 在所有文字都飞入到画布以后,左方的校徽从透明渐入到画布中。

首先来实现文字从右往左的飞入代码,代码清单如代码清单11-10所示。

代码清单 11-10

```
var ShowText = function (string, x, y, time) {
    this. string = string;
    this. x = x;
    this. y = y;
    this. beginX = x + 300;
```

```
        this. time  =  time;
    };
    ShowText. prototype. draw  =  function ( ctx) {
        if ( this. time  > = 0) {
            this. time - -;
        } else {
            ctx. save( );
            ctx. font  =  "40px Arial";
            ctx. translate( this. beginX, this. y);
            ctx. lineWidth  = 2;
            ctx. strokeText( this. string, 0, 0);
            ctx. fillStyle  =  "white";
            ctx. fillText( this. string, 0, 0);
            ctx. restore( );
            if ( this. beginX  > = this. x) {
                this. beginX  - = 20;
            }
        }
    };
```

上述 ShowText 对象与上一节中的同名对象逻辑上基本一致,只不过这一次不是从上往下飞入,而是从右往左飞入。因此有一个属性 beginX,这个属性值是最终位置往右 300 个像素的距离。在 draw( )方法中,属性每帧 beginX 自减 20 个像素的单位,即出现往左移动的效果。

还有改变的就是绘制文本部分的代码。用黑色线宽为 2 的线来对文字进行描边,然后再用白色来填充文字。这样的目的是让每个文字都有描边的效果,使得文字和背景容易区分开。

如让每个文字按着先后顺序出现,只需设置每个文字的延迟时间即可,如下所示。

```
var texts  = [ ];
texts. push( new ShowText( "博学", 270, 100, 30) );
texts. push( new ShowText( "审问", 370, 100, 40) );
texts. push( new ShowText( "慎思", 470, 100, 50) );
texts. push( new ShowText( "明辨", 570, 100, 60) );
texts. push( new ShowText( "笃行", 670, 100, 70) );
texts. push( new ShowText( "中山大学欢迎您来报读", 300, 200, 100) );
```

相邻文字的出现时间间隔是 10 帧,这样看起来便是文字按照顺序出现。

接下来就要实现校徽从透明渐入的效果,先给出实现例子如代码清单11-11所示。

代码清单　11-11

```
var ShowImage = function (image, x, y, time) {
    this. image  = image;
    this. x  = x;
    this. y  = y;
    this. time  = time;
    this. alpha  = 0;
};
ShowImage. prototype. draw  = function (ctx) {
    if (this. time  > = 0) {
        this. time - - ;
    } else {
        ctx. save( ) ;
        ctx. globalAlpha  = this. alpha;
        ctx. drawImage( this. image,  this. x,  this. y) ;
        ctx. restore( ) ;
        if (this. alpha  < = 1) {
            this. alpha  + = 0. 03;
        }
    }
};
```

　　由于校徽的出现位置是固定的,所以只需要属性 x 和 y 来保存校徽的位置即可。不过多出了属性 alpha 表示校徽的透明度,初始化为 0 代表完全透明。

　　ShowImage 对象同样有一个 draw( )的方法,其中也是先递减延迟出现的时间,然后再把校徽绘制出来。在第 8 章中提到过画布上下文对象有一个属性 globalAlpha 来表示透明,因此把校徽的透明度赋值给上下文对象后再来绘图,这样就可以控制校徽图像的透明度了。并且每次绘制后递增透明度,其效果是校徽图像从透明逐渐到清晰为止。

　　完成了以上两个对象以后,再利用 setInterval( )函数来重复绘制画布即可,下面给出余下代码,如代码清单 11-12 所示,完整代码在源代码文件中。

代码清单　11-12

```
var canvas = document. getElementById( "myCanvas") ;
var context = canvas. getContext( "2d") ;
```

```
var ShowText = function() {...};
var ShowImage = function() {...};


var image = new Image();
image.src = "sysu.png";
var background = new Image();
background.src = "sysubg.jpg";
background.onload = function () {
    var texts = [];
    texts.push(new ShowText("博学", 270, 100, 30));
    texts.push(new ShowText("审问", 370, 100, 40));
    texts.push(new ShowText("慎思", 470, 100, 50));
    texts.push(new ShowText("明辨", 570, 100, 60));
    texts.push(new ShowText("笃行", 670, 100, 70));
    texts.push(new ShowText("中山大学欢迎您来报读", 300, 200, 100));

    var sysu = new ShowImage(image, 20, 20, 100);
    setInterval(function() {
        context.clearRect(0, 0, 770, 300);
        context.drawImage(background, 0, 0);
        for (var i = 0; i < texts.length; i++) {
            texts[i].draw(context);
        }
        sysu.draw(context);
    }, 1000 / 60);
};
```

11.3　参数约束的动画实例——曲柄滑块结构

11.3.1　什么是曲柄滑块结构

若动画组成元素的构件有约束关系,是通过参数的调整反映出来的,参数的任何改动都可以自动在动画其他关联的元素中反映出来,则这一类型的动画可称之为参数约束动画。

所谓曲柄滑块结构是指利用曲柄和滑块来实现转动和移动相互转换的结构。滑块结构中与机架构成移动副的构建为滑块,通过转动副 A、B 链结曲柄和滑块的构件为连杆。由于各个元素的几何关系已经由曲柄的短臂与长臂长度参数所确定,因而曲柄滑块是一种较为典型的参数约束结构,如图 11 - 6 所示。

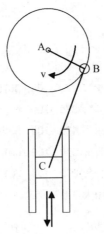

图 11 - 6　曲柄滑块结构

鉴于这种结构广泛应用于往复活塞式发动机、压缩机、冲床等的主结构中,在这一节不妨利用 HTML5 的 Canvas,尝试制作一幅简单的曲柄滑块结构的矢量动画。

11.3.2　曲柄滑块结构动画设计思路

从图 11 - 6 中不难发现,完成该结构静态画面的绘制,仅需画出直线、圆以及矩形等基本图形,对此利用 Canvas 相应的 lineTo( )、rect( )以及 arc( )函数方法并不难实现。参照图 11 - 6,需要

(1)给定 A 点在画布的坐标,利用 A 点位置来确定滑块以及曲柄旋转中心的位置。

(2)设定短柄的长度,即曲柄断臂旋转圆半径,并利用 lineTo( )函数绘制曲柄的短臂。

(3)设曲柄长臂的长度为 L,短臂末端坐标为$(x1,y1)$,长臂末端坐标为$(x2,y2)$,则利用勾股定理有

$$L^2 = (x_2 - x_1)^2 + (y_2 - y_1)^2$$

考虑到 $y_2 > y_1$,于是有

$$y_2 = \sqrt{L_2 - (x_2 - x_1)^2} + y_2$$

在给定曲柄长臂的长度参数后,利用上述关系即可求得曲柄长臂末端(滑块连接点)

的位置坐标,进而利用 lineTo( )以及 rect( )函数绘制曲柄长臂以及滑块。

(4)绘制滑块两边的限制墙壁,考虑到线条重合问题,可以人为地在墙壁与滑块之间加入适当的缝隙。

绘制出的静态画面如图 11 - 7 所示。

图 11 - 7　曲柄滑块结构的静态帧

完成静态帧的绘制之后,需要让画面动起来,于是需设定曲柄短臂的旋转速度。由前面的动画章节介绍可知,人眼中图片的连续动画,实际就是静态帧快速重叠呈现。因此 setInteval( ) 函数中的延迟执行时间是影响旋转快慢的一个因素;而另一因素则是相邻静态帧间短臂角度变化增值。也就是说,setInterval( )间隔执行时间越短,帧间短臂的角度变化增值越大,则动画中曲柄旋转、滑块移动就越快。

为了读者熟悉 CVIDrawJS 引擎绘图部分,不利用画布相应的 lineTo( ), rect( )以及 arc( )函数,直接使用第九章介绍的 CVICVIDrawJS 引擎的绘图 API 函数绘制这一结构。

·综合上面所需要的各种参数,构建如代码清单 11 - 13 所示曲柄滑块结构的 Slider( )对象。

代码清单　　11 - 13

```
function Slider ( point, radius, length, size, angle, angleRate) {

    this. beginPoint  = point;

    this. radius  = radius;

    this. length  = length;

    this. size  = size;

    this. angle  = angle;

    this. angleRate  = angleRate;

}
```

属性 beginPoint 即给定的旋转中心 A 点,属性 radius 是短臂也即旋转半径长度,属性 length 是曲柄长臂长度,属性 size 是滑块的尺寸大小,属性 angle 和 angleRate 分别是当前旋转的角度和每帧增加的角度大小。

11.3.3 静态帧的绘制

静态帧的绘制并不复杂,只需注意静态画面各元素的几何关系即可,构建的静态帧绘制函数 drawSlider( )的代码如代码清单 11 – 14 所示。

代码清单　11 – 14

```
function drawSlider( slider) {
    var point = slider. beginPoint;
    var radius = slider. radius;
    var width = slider. size. width;
    var height = slider. size. height;
    var length = slider. length;
    var angle = slider. angle;
    var graph = new CVIGraph( );
    //确定短臂末端
    var point1 = cvi. p(0, 0);
    point1. x = point. x + radius * Math. cos( angle);
    point1. y = point. y + radius * Math. sin( angle);
    //确定长臂末端
    var point2 = cvi. p(0, 0);
    point2. x = point. x;
    var dis = cvi. pSub( point1, point2);
    point2. y = Math. sqrt( length * length – dis. x * dis. x) + point1. y;
    //绘制短臂和长臂
    graph. lineTo([ point, point1, point2]);
    //把全局线条颜色设置为黑色
    graph. gLineStyle( cvi. c3b(0, 0, 0));
    //绘制滑块
    graph. rect( cvi. rect( point2. x – width / 2, point2. y, width, height));
    //绘制滑块左侧墙壁
    graph. rect( cvi. rect( point2. x – width, length + point. y – radius, width / 2 – 2, height +
radius * 2));
    //绘制滑块右侧墙壁
    graph. rect( cvi. rect( point2. x + width / 2 + 2, length + point. y – radius, width / 2 –2,
height + radius * 2));
    graph. gLineStyle( cvi. c3b(255, 0, 0)); //把全局线条颜色设置为红色
```

```
graph. arc( point, radius + 10, 0, 360) ; //旋转结构曲柄
graph. arc( point1, 10, 0, 360) ;
graph. draw( context) ;        //传入画布上下文绘制图像
slider. angle += slider. angleRate; //每帧递增角度使曲柄不断旋转
}
```

11.3.4　完整动画

　　为了得到一幅动态的画面,只需间隔的擦除画布,并在画布上绘制下一静态帧。由此,不难得到完整代码如代码清单 11 - 15 所示。

代码清单　11 - 15

```
<! DOCTYPE HTML >
< HTML >
< head >
    < title >曲柄滑块结构动画 </title >
    < meta charset = "utf - 8" >
</head >
< body >
< canvas id = "myCanvas" width = "400" height = "300" style = "border: solid" >
    你的浏览器不支持 canvas 画布元素,请更新浏览器获得演示效果.
</canvas >
< script type = "text/javascript" src = "Color. js" > </script >
< script type = "text/javascript" src = "geometry/Bezier. js" > </script >
< script type = "text/javascript" src = "geometry/Geometry. js" > </script >
< script type = "text/javascript" src = "geometry/Point. js" > </script >
< script type = "text/javascript" src = "geometry/Rectangle. js" > </script >
< script type = "text/javascript" src = "geometry/Size. js" > </script >
< script type = "text/javascript" src = "shape/CVIShapeBase. js" > </script >
< script type = "text/javascript" src = "shape/CVIGraph. js" > </script >
< script type = "text/javascript" >
    var canvas = document. getElementById( "myCanvas") ;
    var context = canvas. getContext( "2d") ;

    function Slider ( point, radius, length, size, angle, angleRate) {
        this. beginPoint = point;
```

```
        this. radius = radius;

        this. length = length;

        this. size = size;

        this. angle = angle;

        this. angleRate = angleRate;

    }

    function drawSlider( slider) {

        var point = slider. beginPoint;

        var radius = slider. radius;

        var width = slider. size. width;

        var height = slider. size. height;

        var length = slider. length;

        var angle = slider. angle;

        var graph = new CVIGraph( );

        var point1 = cvi. p(0, 0);

        point1. x = point. x + radius * Math. cos( angle);

        point1. y = point. y + radius * Math. sin( angle);

        var point2 = cvi. p(0, 0);

        point2. x = point. x;

        var dis = cvi. pSub( point1, point2);

        point2. y = Math. sqrt( length * length - dis. x * dis. x) + point1. y;

        graph. lineTo( [ point, point1, point2] );

        graph. gLineStyle( cvi. c3b(0, 0, 0));

        graph. rect( cvi. rect( point2. x - width / 2, point2. y, width, height));

        graph. rect( cvi. rect( point2. x - width, length + point. y - radius, width / 2 - 2,
        height + radius * 2));

        graph. rect( cvi. rect( point2. x + width / 2 + 2, length + point. y - radius, width /
        2 - 2, height + radius * 2));

        graph. gLineStyle( cvi. c3b(255, 0, 0));

        graph. arc( point, radius + 10, 0, 360);

        graph. arc( point1, 10, 0, 360);

        graph. draw( context);

        slider. angle + = slider. angleRate;

    }

    var slider = new Slider( cvi. p(200, 50), 30, 100, cvi. size(20, 30), Math. PI / 4, Math.
    PI / 30);

    setInterval( function ( ) {
```

```
            context. clearRect(0, 0, 400, 300);
            drawSlider( slider);
        },50);
    </script >
    </body >
    </HTML >
```

若需改变曲柄的转动速度、位置等参数,只需对构造函数 Slider 里的各参数进行调整即可。动画部分截图如图 11 – 8 所示。

图 11 – 8　曲柄滑块动画效果图

11.4　小结

本章在鱼游动动画中,介绍了鱼的平移动画、鱼的精灵动画和文字弹出动画,也就是一个简单的广告所应具备的基本要素。并且在例程中使用了两种编程方法,从而让初次接触面向对象的读者更加容易地了解到面向对象编程的方便之处。

之后,本章还展示了一个简单且完整的广告动画,包含文字落下动画和图像渐变呈现动画,利用面向对象编程可以简单地编写出来。最后则是演示了参数约束的曲柄滑块结构动画的设计过程。

11.5　习题

1. 修改本章鱼游动的动画代码,将鱼游动设置在水面以下。

2. 参考本章鱼游动的动画代码,尝试对水中鱼的数目进行增加;如果要增加大量的鱼,请改写鱼游动代码。

3. 设计一个汽车在公路上行驶的动画,要求在动画中可以看到车轮转动以及汽车整体的移动。

4. 选择"请勿醉驾"、"请勿践踏草坪"、"吸烟有害健康"、"环境保护"之一作为主题,设计一则公益广告。并使用所学的方法,将其制作成 HTML5 动画。

第 12 章　HTML5 休闲游戏设计

本章将利用第 10 章预备知识中的鼠标响应作为基础来设计一个休闲小游戏。本章是先在一个简单动画的基础上,添加鼠标响应和简单的碰撞检测,从而实现捕捉鱼的动画,随后逐一向该动画游戏中添加功能,一步步完善整个休闲游戏的功能,演示了简单休闲游戏设计的全过程。

12.1　游戏策划

在着手编写代码之前,一般来说先要确定将要制作的游戏的原型,也即是确定游戏的类型、具体的交互操作、玩法等。

本章中将要在上一章鱼游动画的基础上,加入一些捕鱼的操作,即利用鼠标点击中鱼儿并拖动到篮子上来进行捕获。另外可以根据鱼儿的体积大小计算得分,体积越小的鱼越难点击中,所以得分相对较高。最后当所有的鱼儿都捕捉完,就提示游戏结束。

当确定下总体的游戏流程后,下一步需要把流程中的细节想清楚,这样会使得后续的编程工作更加清晰方便。可以分为几个不同的设计细节。

细节一,根据上一章的动画内容,需要在每帧中更新画布,并在画布上绘制样式不同和体积不同的鱼儿。为了增添难度,令鱼沿着正弦曲线的路径移动,即边上下浮动边往右游动。

细节二,当玩家用鼠标点击中鱼时,鱼即跟随着鼠标,直到鼠标松开后鱼儿才能自由游动。鼠标点击鱼的时候需要进行碰撞检测,即检测鼠标点击位置是否在鱼的包围框内,不同大小的鱼的包围框大小也不同。

细节三,设置一个篮子收获被捕捉的鱼。鼠标松开时,检测松开位置是否在篮子上,如果是,那么捕获鱼成功,随即鱼儿从画布上消失并添加捕获分数。否则,鱼儿重新回到画布并自由游动。计算分数需要检测鱼的体积大小,并根据设定不同大小的鱼获取分数。

细节四,实时显示捕获分数,并且检测画布中剩下的鱼数目,如果全部都被捕获了,此时落下游戏结束提示语。

12.2　碰撞检测

在游戏中经常涉及的一种判定就是碰撞检测,例如子弹飞行后击中目标,桌球相碰而弹开,或者在交互中检测鼠标是否点中图像等。

所以在游戏正式开始之前,先来介绍一下碰撞检测。

12.2.1　碰撞检测类型

一般来说,检测两个对象是否发生碰撞,可以有以下三种方法。

❖　AABB 检测

无论是什么图形,粗略地都能够看成有一个矩形包围框在外部,这个矩形包围框又称作 Axis Aligned Bounding Box,简称 AABB。通过判断包围物体的 AABB 的重叠状况,可以粗略检测出两个物体是否产生相交。如果两个包围盒没有发生重叠,那么被包围的物体也肯定不会相交,由此可用 AABB 框近似地检测碰撞。相交情况如图 12 - 1 所示。

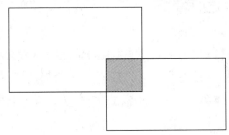

图 12 - 1　矩形检测示意图

如果确定两个图像的矩形包围框有重叠部分存在,那么就判定为两个图像发生碰撞。否则就判定为没有发生碰撞。

这种碰撞检测方法的优点是算法简单、代码量少、并且简单易懂。缺点就是:精确度不高,对于一些复杂图形来说就显得过于粗略。

目前对于一些精度要求不高的碰撞检测来说,这是较常用的方法之一。

❖　中心点检测

顾名思义,这种碰撞检测方法就是利用两个图像的中心点,通过计算出他们中心点之间的距离,再用一个数值做比较。如果两个中心点的距离小于这个数值,那么判定为这两个图像发生碰撞。如果距离大于这个数值,那么判定为没有发生碰撞。示意图如图 12 - 2所示。

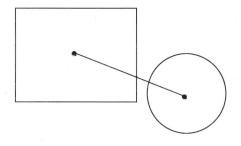

图 12 - 2　中心点检测示意图

中心点碰撞检测方法的优点同样是：算法简单，代码量少。缺点也是：精确度不高，不能处理一些复杂图形。不过对于精度要求不高的场合下，这也是较常用的方法之一。

❖　像素检测

对于一些复杂图形的碰撞检测，例如一个五角星和三角形的碰撞，如果用上述两种方法，那么碰撞结果就难以令人满意了。为了符合实际的碰撞检测，可以用此方法。

像素检测方法的原理在于：在某一点上通过把两个图像的颜色相加，如果在这一点上两个图像是发生重叠的，那么颜色相加后的结果再减去源图像的颜色就不为 0，由此确定两幅图像有重叠，即发生碰撞。示意图如图 12 - 3 所示。

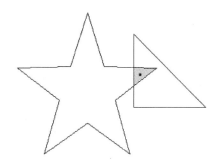

图 12 - 3　像素检测示意图

像素检测方法是这 3 种方法中精确度最高的，但是也是耗费计算资源最大的。适合一些精度要求较大的场合。

当然还有许多其他的碰撞检测方法，每种方法都有适合使用的场合，选择一种适合的碰撞检测对于提高游戏性能来说是非常重要的。

12.2.2　碰撞检测与鼠标交互

游戏实例需要用到鼠标与图像的交互，所以先来介绍一些鼠标交互的方法。其实鼠标交互需要做的工作不外乎就是碰撞检测，只不过这时候碰撞检测的对象是图像与一个点，所以可以使用上述介绍的矩形检测和中心点检测。

这里的矩形检测不再是判断两个矩形是否重叠,而是要判断这个点是否在矩形的内部,由此确定鼠标是否点击了图像。

假设图像的绘制位置为(x,y),也就是图像左上角点所在位置,而图像的宽度和高度分别为 width 和 height。那么图像的矩形包围框的范围就是 x 到 x + width 和 y 到 y + height。所以判断点是否在矩形内部的条件是

x < = mouseX < = x + width

y < = mouseY < = y + height

只有满足以上两个条件,那么点就在矩形内部。

简单测试鼠标点击事件,每当鼠标在矩形包围框内点击鼠标,即在调试台中输出"mouse clicked"的消息,实现例子如代码清单 12 - 1 所示。

代码清单　12 - 1

```
var canvas = document. getElementById("myCanvas");
var context = canvas. getContext("2d");
canvas. addEventListener("mousedown", onMouseDown, false);
var image = new Image();
image. src = "鱼. png";
var x = 20, y = 20;
var width, height;
image. onload = function () {
    width = image. width;
    height = image. height;
    context. drawImage(image, x, y);
};


function onMouseDown(e) {
    var mouseX = e. pageX - canvas. clientLeft;
    var mouseY = e. pageY - canvas. clientTop;

    var betweenX = (mouseX > = x) && (mouseX < = x + width);
    var betweenY = (mouseY > = y) && (mouseY < = y + height);
    if (betweenX && betweenY) {
        console. log("mouse clicked");
    }
}
```

为画布添加鼠标响应事件"mousedown",并且传入响应函数 onMouseDown。在函数

内部的工作是获取鼠标点击的位置,其中鼠标在画布上的点击位置是用鼠标的页面位置减去画布在页面中的位置得到。之后用局部变量 betweenX 和 betweenY 来表示点是否在矩形的边框内部,如果确定了点在矩形内部,那么向调试台输出"mouse clicked"的消息,否则什么也不做。

用了全局变量 x 和 y 保存图像的绘制位置,全局变量 width 和 height 保存图像的大小。其中 Image 对象中还有两个属性 width 和 height,它们保存了源图像的宽度大小和高度大小,所以利用这两个属性可以获取到图像大小并保存到全局变量 width 和 height 中。

运行代码,分别在图像以外的画布地方点击和图像上点击鼠标,观察调试台输出消息。可见在矩形包围框外部点击时,调试台没有消息输出。而在图像上方点击鼠标时,调试台输出消息"mouse clicked",由于矩形检测法精确度低,所以点击矩形包围框内部的空白部分也会产生输出消息。

12.2.3 实现拖动效果

要实现拖动效果,就是在鼠标点击图像后,图像随着鼠标移动,而鼠标松开时,图像就停止移动。

为此需要一个变量来保存鼠标点击图像的状态,并且用变量记录鼠标的移动距离,使得图像根据这个位移来移动,实现例子如代码清单 12 - 2 所示。

代码清单 12 - 2

```
var canvas = document. getElementById("myCanvas");
var context = canvas. getContext("2d");
canvas. addEventListener("mousedown", onMouseDown, false);
canvas. addEventListener("mousemove", onMouseMove, false);
canvas. addEventListener("mouseup", onMouseUp, false);

var x = 20, y = 20;
var width, height;
var isClicked = false;
var mouseX, mouseY, preX, preY;

var image = new Image();
image. src = "鱼. png";
image. onload = function () {
    width = image. width;
    height = image. height;
```

```
    setInterval( function ( ) {
        context. clearRect(0, 0, 400, 200);
        context. save( );
        context. translate( x, y);
        context. drawImage( image, 0, 0);
        context. restore( );
    }, 1000 / 60);
};


function onMouseDown( e) {
    preX = mouseX = e. pageX – canvas. clientLeft;
    preY = mouseY = e. pageY – canvas. clientTop;


    var betweenX = ( mouseX > = x) && ( mouseX < = x + width);
    var betweenY = ( mouseY > = y) && ( mouseY < = y + height);
    if ( betweenX && betweenY) {
        isClicked = true;
    }
}
function onMouseMove( e) {
    if ( isClicked) {
        mouseX = e. pageX – canvas. clientLeft;
        mouseY = e. pageY – canvas. clientTop;
        x + = mouseX – preX;
        y + = mouseY – preY;
        preX = mouseX;
        preY = mouseY;
    }
}
function onMouseUp( e) {
    isClicked = false;
}
```

新定义了全局变量 isClicked 来保存鼠标点击图像的状态，true 表示鼠标点中图像，false 表示鼠标没有点中图像。这个变量在 onMouseDown( )响应函数中通过判定点在矩形包围框内部后赋值为 true，在 onMouseUp( )响应函数中赋值为 false。

还有新定义的变量 mouseX、mouseY、preX 和 preY，mouseX 和 mouseY 表示当前鼠标

的位置,preX 和 preY 表示上一次鼠标的位置,因此由 mouseX － preX 和 mouseY － preY 得到鼠标移动过程中的位移。

在 onMouseMove( )响应函数中,主要是负责更新图像的绘制位置 x 和 y。函数内部首先更新当前的鼠标位置,再减去上一次鼠标位置得到鼠标位置,为绘制位置 x 和 y 加上位移量得到最终绘制位置。最后更新 preX 和 preY 的数值。

由于这一次鱼的绘制位置是动态更新的,所以还是以每秒 60 帧的速度擦除画布和重绘鱼图像。

运行代码,将鼠标位置放到图像上点击并拖动,即可拖动鱼图像移动。

再次用面向对象编程的方法把上述代码改写,Fish 对象的属性已经知道了有 image 对象、绘图位置 x 和 y、宽度 width 和高度 height。而方法就有自身的碰撞检测 testPoint( )、移动位置 move( )和绘图函数 draw( )。Fish 对象的实现如代码清单 12 - 3 所示。

代码清单　12 - 3

```javascript
var Fish = function (image, x, y) {
    this. image = image;
    this. x = x;
    this. y = y;
    this. width = image. width;
    this. height = image. height;
};
Fish. prototype. testPoint = function (x, y) {
    var betweenX = (x > = this. x) && (x < = this. x + this. width);
    var betweenY = (y > = this. y) && (y < = this. y + this. height);
    return betweenX && betweenY;
};
Fish. prototype. move = function (dx, dy) {
    this. x + = dx;
    this. y + = dy;
};
Fish. prototype. draw = function (ctx) {
    ctx. save( );
    ctx. translate( this. x, this. y);
    ctx. drawImage( this. image, 0, 0);
    ctx. restore( );
};
```

方法 testPoint( )接收两个参数,表示要测试的点,如果这个点在矩形包围框内部,那么这个方法返回 true 值;否则返回 false 值。

方法 move( )接收两个参数,表示位移的距离大小。

方法 draw( )就是根据绘制位置 x 和 y 绘制图像。其余修改代码的实现如代码清单 12 -4所示。

代码清单   12 -4

```
var fish;
var isClicked = false;
var mouseX, mouseY, preX, preY;
var image = new Image();
image.src = "鱼.png";
image.onload = function () {
    fish = new Fish(image, 20, 20);
    setInterval(function () {
        context.clearRect(0, 0, 400, 200);
        fish.draw(context);
    }, 1000 / 60);
};

function onMouseDown(e) {
    preX = mouseX = e.pageX - canvas.clientLeft;
    preY = mouseY = e.pageY - canvas.clientTop;

    isClicked = fish.testPoint(mouseX, mouseY);
}

function onMouseMove(e) {
    if (isClicked) {
        mouseX = e.pageX - canvas.clientLeft;
        mouseY = e.pageY - canvas.clientTop;
        fish.move(mouseX - preX, mouseY - preY);
        preX = mouseX;
        preY = mouseY;
    }
}
function onMouseUp(e) {
    isClicked = false;
}
```

要修改的地方为,把变量 isClicked 的值交由方法 testPoint( )来进行判断。而移动图像的任务就交给方法 fish. move( )来控制。

12.3　捕鱼小游戏设计

12.3.1　添加拖动效果

掌握了碰撞检测原理以后,可以开始设计一个捕鱼的小游戏了。这个小游戏的设计目标是:有鱼在画布上游动,需要用鼠标点击并拖放在指定的地点再松开,这样就可以成功捕获到鱼。

不要着急在一开始就把所有功能做出来,而应该一步步地添加功能,有需要时再作修改,所以下面先把拖动效果放在上一章中鱼游动动画中,有了面向对象编程,这不是一件困难的事情,Fish 对象的实现如代码清单 12-5 所示。

代码清单　12-5

```javascript
var Fish = function (image, x, y) {
    this.image = image;
    this.x = x;
    this.y = y;
    this.originX = x;
    this.originY = y;
    this.width = image.width;
    this.height = image.height / 4;
    this.isCaught = false;
    this.frm = 0;
    this.dis = 0;
};
Fish.prototype.getCaught = function (bool) {
    this.isCaught = bool;
    if (bool == false) {
        this.originX = 0;
        this.originY = this.y;
    }
};
Fish.prototype.testPoint = function (x, y) {
    var betweenX = (x >= this.x) && (x <= this.x + this.width);
```

```
        var betweenY = (y > = this. y) && (y < = this. y + this. height);
        return betweenX && betweenY;
};
Fish. prototype. move = function (dx, dy) {
    this. x + = dx;
    this. y + = dy;
};
Fish. prototype. draw = function (ctx) {
    ctx. save( );
    ctx. translate( this. x, this. y);
    ctx. drawImage ( this. image, 0, this. frm * this. height, this. width, this. height, 0, 0, this.
                width, this. height);
    ctx. restore( );
    if (! this. isCaught) {
        this. x + = 2;
        this. originX + = 2;
        if ( this. x > = 800) {
            this. x = -200;
        }
        this. y = this. originY + 50 * Math. sin( Math. PI / 100 * this. originX);
    }
    this. dis + +;
    if ( this. dis > = 20) {
        this. dis = 0;
        this. frm + +;
        if ( this. frm > = 4) this. frm = 0;
    }
};
```

Fish 对象中的属性修改不多,其中属性 originX 和 originY 主要是保存鱼游动的起始位置,用于记录每次拖动结束后与起点位置。而属性 x 和 y 就保存鱼的当前位置,用于平移画布使鱼绘制到正确的位置。其中属性 height 是图像高度的四分之一,原因在于这次使用的是有四幅动画帧的图像,因此每一幅动画帧的高度只占整幅图像的四分之一。

其中方法 draw( )的任务是负责更新鱼的位置,更换动画帧和绘制任务,其中的代码在上一章中已经讲述过了。而方法 testPoint( )和 move( )则分别负责做碰撞检测和移动鱼的位置,可以参考上一节的代码说明。

新 Fish 对象的里面添加了属性 isCaught 和方法 getCaught( )。这个 getCaught( )方法

接收一个布尔值参数,表示这条鱼是否被鼠标捕获了,并且把值赋给属性 isCaught。而且在方法中也多加了一个 if 判断语句,用来判定当鼠标松开鱼的时候把鱼的初始位置更新到放下的位置,当然如果鼠标松开时鱼离开了水面(水面的 y 轴坐标为 134),要将鱼放回水中。

我们还需要在方法 draw( )中做一些小更改,通过加入 if 条件语句,判断属性 isCaught 的值来更新鱼的绘制位置。因为当鱼没有被捕获的时候,鱼是可以在水面下自由游动的,所以 if 语句成立,进入到括号句中的位置更新计算,并且同时在计算之后要保证鱼在水面以下游动,所以需要再对鱼的 y 坐标进行一次判断,如果 y 值超过水面,就取 y 等于水面的高度。一旦鱼被鼠标捕获,那么鱼就不能自己更新位置了,所以此时我们就不会进入 if 语句中。

新 Fish 对象的代码写好以后,还需要对上一节中的代码作出修改,修改的地方不多,修改部分实现代码如代码清单 12 - 6 所示。

代码清单　12 - 6

```
var canvas = document.getElementById("myCanvas");
var context = canvas.getContext("2d");
canvas.addEventListener("mousedown", onMouseDown, false);
canvas.addEventListener("mousemove", onMouseMove, false);
canvas.addEventListener("mouseup", onMouseUp, false);
var Fish = function (image, x, y) {......}    //见代码清单 3 - 5
var fish1, fish2, fish3, fish4, caughtFish = null;
var isClicked = false;
var mouseX, mouseY, preX, preY;
var image = new Image();
var image2 = new Image();
var image3 = new Image();
var image4 = new Image();
var background = new Image();
background.src = "海底.png";
image.src = "鱼动画.png";
image2.src = "鱼动画 2.png";
image3.src = "鱼动画 3.png";
image4.src = "鱼动画 4.png";
image4.onload = function () {
    fish1 = new Fish(image, -200, 200);
    fish2 = new Fish(image2, 20, 200);
```

```
        fish3 = new Fish(image3, 240, 200);
        fish4 = new Fish(image4, 480, 200);
        setInterval(function () {
            context.clearRect(0, 0, 800, 374);
            context.drawImage(background, 0, 0);
            fish1.draw(context);
            fish2.draw(context);
            fish3.draw(context);
            fish4.draw(context);
        }, 1000 / 60);
    };
    function onMouseDown(e) {
        preX = mouseX = e.pageX - canvas.clientLeft;
        preY = mouseY = e.pageY - canvas.clientTop;
        if (fish1.testPoint(mouseX, mouseY)) {
            fish1.getCaught(true);
            caughtFish = fish1;
            isClicked = true;
        } else if (fish2.testPoint(mouseX, mouseY)) {
            fish2.getCaught(true);
            caughtFish = fish2;
            isClicked = true;
        } else if (fish3.testPoint(mouseX, mouseY)) {
            fish3.getCaught(true);
            caughtFish = fish3;
            isClicked = true;
        } else if (fish4.testPoint(mouseX, mouseY)) {
            fish4.getCaught(true);
            caughtFish = fish4;
            isClicked = true;
        } else {
            isClicked = false;
            caughtFish = null;
        }
    }
    function onMouseMove(e) {
        if (isClicked) {
```

```
        mouseX = e. pageX – canvas. clientLeft;
        mouseY = e. pageY – canvas. clientTop;
        caughtFish. move( mouseX – preX, mouseY – preY);
        preX = mouseX;
        preY = mouseY;
    }
}
function onMouseUp( e) {
    isClicked = false;
    if ( caughtFish ! = null) {
        caughtFish. getCaught( false);
        caughtFish = null;
    }
}
```

　　因为打算在画布上添加 4 条鱼图像,所以分别声明了 4 个全局变量 fish1 ～ 4;另外还有一个变量 caughtFish,表示被捕获的鱼。一开始没有鱼被捕获,所以此时这个变量的值为 null。

　　接下来的绘制代码都与上一章的一样,不再重复说明。

　　之后在响应函数 onMouseDown( )中的做法是分别为 4 个鱼对象做碰撞检测,一旦检测到与任意其中一条鱼相碰,那么即调用这条鱼的 getCaught( )并传入 true 值,以代表该鱼已捕获。并且使 isClicked 赋值为 true,表示鼠标已经捕获到鱼了。如果都没有捕获到鱼,那么 caughtFish 保持为 null,变量 isClicked 也为 false。

　　其实 onMouseDown( )函数中的这段代码不够简洁,原因在于需要通过写出 4 条 if 语句来判断每条鱼的碰撞检测。一旦鱼的数目多起来或者数目未知的时候,这段代码就运行不了,后面会回来修正代码。

　　在响应函数 onMouseMove( )中,通过变量 caughtFish 获取被捕获的鱼对象,并且调用它的 move( )方法来移动它。

　　在响应函数 onMouseUp( )中,调用被捕鱼的方法 getCaught( )并传入 false 表示鱼被释放。

　　运行以上代码,可以看到有四条不同样式的鱼在海底中畅游,与上一章的鱼游动效果一样,只不过现在可以用鼠标去点击鱼图像,点中后鱼就随鼠标一块移动,放开鼠标后,鱼儿又开始游动起来。如图 12 - 4 所示。

图 12 - 4　游戏效果

12.3.2　效果调整

从图 12 - 4 效果图中,鱼图像的大小较大,这样画布就无法容纳多条鱼了。因此需要为鱼儿们"瘦身",即利用缩放的方法把鱼的体积减小。

所以需要为 Fish 对象添加一个表示缩放度的属性 scale,并且在绘制图像前,将画布缩放到指定的大小,那么绘制出来的鱼儿就会变小了。因此在构造函数中为 Fish 添加属性并初始化,实现例子如代码清单 12 - 7 所示。

代码清单　　12 - 7

```
var Fish = function (image, x, y) {
    this. image = image;
    this. x = x;
    this. y = y;
    this. originX = x;
    this. originY = y;
    this. width = image. width;
    this. height = image. height / 4;
    this. scale = 0. 5;
    this. isCaught = false;
    this. frm = 0;
    this. dis = 0;
};
```

同时需要修改绘制方法,其中绘制方法 draw( )修改为如代码清单 12 - 8 所示。

代码清单　12 - 8

```
Fish. prototype. draw = function ( ctx) {
    ctx. save( );
    ctx. translate( this. x,  this. y);
    ctx. scale( this. scale,  this. scale);
    ctx. drawImage( this. image,  0,  this. frm  * this. height,  this. width,  this. height,  0,  0,  this.
width,  this. height);
    ctx. restore( );
    //其余代码不变
    .......
}
```

上述代码清单中加粗的一行是新增的代码,作用是把画布缩小到属性 scale 指定的大小。要注意的是,上下文对象中的所有绘图方法都是基于画布本身的状态来绘图,虽然在 drawImage( )方法中的绘制大小不变,但是画布本身却缩小了,所以最终的绘制结果是图像也缩小了。

还有一点需要注意的是:画布平移和缩放的顺序不可调换。即要先平移,后缩放,如代码清单中的顺序,其理由如下:再次说到"上下文对象中的所有绘图方法都是基于画布本身的状态来绘图"。如果先缩放,后平移,虽然此时的平移距离对画布来说是一样,但画布缩小了,因此实际的平移效果也做了相应的缩小。

如下代码所示。

```
ctx. scale(0. 5,  0. 5);
ctx. translate(400,  0);
```

此时先缩小到原来的 0.5,再向右平移 400 个单位距离。但是平移的效果实际上是 400×0.5,也就是只有 200。因此不能调换画布转换的顺序。

除了绘制方法 draw( )需要修改以外,还需修改方法 testPoint( ),因为图像缩小也意味着矩形包围框的长宽度也缩小了,为此修改代码如代码清单 12 - 9 所示。

代码清单　12 - 9

```
Fish. prototype. testPoint = function ( x,  y) {
    var betweenX = ( x > = this. x)  && ( x < = this. x + this. width  * this. scale);
    var betweenY = ( y > = this. y)  && ( y < = this. y + this. height  * this. scale);
    return betweenX && betweenY;
};
```

那么到目前为止修改就完成了,其余的代码都无须修改,代码就可以运行成功。效果如图 12 - 5 所示。

图 12 - 5 修改效果图

那么现在就可以为宽阔的海洋添加多条鱼儿了。但是这时候问题又出现了,即上一节中提过的,在响应函数 onMouseDown( )中的问题,那就是 if 判断语句太多。只有 4 条鱼儿的时候,或许重复写 4 条代码相似并不是什么困难的事情,但是一旦鱼儿数量增多起来,需要重复编写的代码就变得多起来了,这也意味着一旦需要修改其中某些地方,也需要重复修改数遍,而且这样的代码形式不方便动态添加鱼儿。所以需要把鱼儿放在一个数组中,利用数组去遍历所有鱼儿,修改的代码如代码清单 12 - 10 所示。

代码清单　12 - 10

```
var fishes = [ ], caughtFish = null;
var isClicked = false;
var mouseX, mouseY, preX, preY;
var image = new Image();
var image2 = new Image();
var image3 = new Image();
var image4 = new Image();
var background = new Image();
background. src = "海底. png";
image. src = "鱼动画. png";
image2. src = "鱼动画 2. png";
image3. src = "鱼动画 3. png";
image4. src = "鱼动画 4. png";
image4. onload = function () {
    fishes. push( new Fish( image, -200, 220));
    fishes. push( new Fish( image2, 20, 250));
    fishes. push( new Fish( image3, 240, 200));
```

```
        fishes. push( new Fish( image4, 480, 180) );
    setInterval( function () {
        context. clearRect(0, 0, 800, 374);
        context. drawImage( background, 0, 0);
        for ( var i = 0; i < fishes. length; i + +) {
            fishes[ i]. draw( context);
        }
    }, 1000 / 60);
};
function onMouseDown( e) {
    preX = mouseX = e. pageX - canvas. clientLeft;
    preY = mouseY = e. pageY - canvas. clientTop;

    for ( var i = 0; i < fishes. length; i + +) {
        if ( fishes[ i]. testPoint( mouseX, mouseY) ) {
            fishes[ i]. getCaught( true);
            caughtFish = fishes[ i];
            isClicked = true;
            return;
        }
    }
    isClicked = false;
    caughtFish = null;
}
```

其中需要修改的代码已经用粗体表示出来了。

不用单个的变量来保存鱼对象的引用,而是利用一个数组来保存每一条鱼对象,因此先定义一个空数组 fishes。

接下来,利用数组对象方法 push( ),把新定义的鱼对象放进数组中,即把元素压进到数组中。

由于现在鱼对象都在数组中了,因此利用 for 循环语句来遍历数组中的所有元素,并调用 draw( )方法来绘图。其中每一个数组都有属性 length,用来表示数组中的元素数量。

在响应函数 onMouseDown( )中,同样利用了 for 循环语句来遍历数组 fishes 中的所有鱼对象,逐一对它们进行碰撞检测,一旦捕获到鱼儿就调用该鱼对象的 getCaught( )方法和退出响应函数。如果遍历了数组中的所有元素后都没有捕获到鱼对象,那么自然不会

退出函数,从而执行剩下的代码,即

```
isClicked = false;
caughtFish = null;
```

表示没有捕获到鱼。

把遍历鱼对象的任务交给数组来管理,就不需要担心数量未知的鱼对象,并且动态添加鱼儿也不需要修改其他代码。下面再添加几条鱼对象并测试代码,即利用数组的push()方法多放入几条新定义的鱼对象,效果如图12-6所示。

图12-6　修改效果图

12.3.3　收获鱼儿

完成了拖动效果后,接下来就要设置一个竹篮,把鱼拖动到竹篮的位置松开后,就能成功捕获到鱼儿了。

直接用面向对象编程的方法编写竹篮对象,竹篮对象有属性 x 和 y 代表绘制位置,有属性 width 和 height 代表竹篮的大小。还有属性 image 代表竹篮的图像。

而竹篮就有方法 testPoint(),用于测试鼠标松开时的位置是否在竹篮位置。getFish()方法负责把放到竹篮的鱼对象从数组中清除掉,使得鱼对象不再出现在海底中。draw()方法就负责绘制竹篮。下面是竹篮对象 Basket 的实现代码,如代码清单12-11所示。

代码清单　12-11

```
var Basket = function (image) {
    this. image = image;
    this. x = 650;
    this. y = 50;
    this. width = 100;
    this. height = 70;
};
```

```
Basket. prototype. testPoint = function (x, y) {
    var betweenX = (x > = this. x) && (x < = this. x + this. width);
    var betweenY = (y > = this. y) && (y < = this. y + this. height);
    return betweenX && betweenY;
};
Basket. prototype. getFish = function (fish) {
    fish. x = fish. originX = -200;
    fish. y = fish. originY = 150 + 80 * Math. random();
    var index = fishes. indexOf(fish);
    fishes. splice(index, 1);
};
Basket. prototype. draw = function (ctx) {
    ctx. drawImage(this. image, this. x, this. y, this. width, this. height);
};
```

因为竹篮放在了固定的位置上,所以属性 x 和 y 在构造函数中就先给定了一个值。其中 testPoint( )与 Fish 的同名方法原理一致,draw( )方法负责按照给定位置和大小绘制竹篮。

而 getFish( )中,把收获到的鱼从全局变量 fishes 中去除掉。为此利用数组对象的方法 indexOf( )来查找出收获到的鱼对象在数组中的索引 index,然后利用方法 splice( )删除该鱼对象。所以在 for( )循环语句中就遍历不到该鱼对象,也就是鱼儿从海底中去除了。再给出其余添加的代码如代码清单 12 - 12 所示。

代码清单　12 - 12

```
var fishes = [ ], caughtFish = null;
var basket;
var isClicked = false;
var mouseX, mouseY, preX, preY;
var background = new Image();
var basketImg = new Image();
var image = new Image();
......
basketImg. src = "竹篮. png";
image. src = "鱼动画. png";
......
image4. onload = function () {
    fishes. push(new Fish(image, -200, 220));
```

```
        ......
        basket = new Basket(basketImg);
        setInterval(function () {
            context. clearRect(0, 0, 800, 374);
            context. drawImage(background, 0, 0);
            basket. draw(context);
            for (var i = 0; i < fishes. length; i++) {
                fishes[i]. draw(context);
            }
        }, 1000 / 60);
    };
    function onMouseDown(e) {......}
    function onMouseMove(e) {......}
    function onMouseUp(e) {
        isClicked = false;
        if (caughtFish != null) {
            caughtFish. getCaught(false);
            mouseX = e. pageX - canvas. clientLeft;
            mouseY = e. pageY - canvas. clientTop;
            if (basket. testPoint(mouseX, mouseY)) {
                basket. getFish(caughtFish);
            }
            caughtFish = null;
        }
    }
```

以上代码清单中相同代码段用省略号表示,可以查阅之前的代码清单。清单中粗体显示的代码行为新添加的代码。

声明一个全局变量 basket,并且定义一个图像对象并传入到类 Basket 的构造函数中,这样 basket 对象就能够正常显示竹篮图像。在每次重绘函数中也不要忘了把竹篮绘制出来。

着重修改的是响应函数 onMouseUp(),因为目标是在鼠标松开时才判断鱼精灵是否落在了竹篮上方,所以在确定捕获到鱼精灵的状态下,通过获取鼠标的松开位置,对竹篮进行碰撞检测,如果确实在竹篮上方松开鱼精灵,那么调用 basket 对象的 getFish()方法并传入被捕获的鱼对象。basket 对象的方法 getFish()自然会对鱼精灵作出处理。

运行上述代码以后,拖动鱼精灵到竹篮上松开鼠标,鱼精灵消失在画布上,效果如

图 12 - 7所示。

图 12 -7　收获鱼儿

12.3.4　完善游戏

一般在一个休闲游戏中,都会设置一个分数显示的栏目,为游戏增添一些趣味。下面也来设置一个分数显示。设置方法非常简单,直接给出修改代码如代码清单 12 - 13 所示。

代码清单　12 -13

```
var score = 0;
context. font = "40px Arial";
setInterval( function () {
    context. clearRect(0, 0, 800, 374);
    context. drawImage(background, 0, 0);
    basket. draw( context);
    context. fillText("分数:" + score, 20, 50);
    for (var i = 0; i < fishes. length; i + +) {
        fishes[ i] . draw( context);
    }
}, 1000 / 60);
```

先定义一个保存分数的全局变量 score 并初始化为 0,并在绘制函数中把分数绘制到左上角的固定位置上。如此画布左上方就会有一处显示分数。

现在再修改代码,使得抓到鱼儿以后就添加分数到 score 中,可以在 Basket 对象的方法 getFish( )中添加这个行为,见代码清单 12 -14 所给出的修改代码。

代码清单　12－14

```
Basket. prototype. getFish = function (fish) {
    fish. x = fish. originX = -200;
    fish. y = fish. originY = 150 + 80 * Math. random();
    var index = fishes. indexOf(fish);
    fishes. splice(index, 1);
    score + = 200;
};
```

只要有鱼被捕获到竹篮里时,就会添加分数到全局变量 score 中,随后绘制出来的分数也会显示出来,效果如图 12－8 所示。

图 12－8　分数显示

只是添加分数或许有点单调,不妨设置一些难度。可以修改每条鱼的缩放度大小,设置为随机的缩放大小,那么越小的鱼就越难捕获到,因此相应的捕获分数应该更高。而在计算分数时就通过缩放度来决定添加的分数。修改代码如代码清单 12－15 所示。

代码清单　12－15

```
var Fish = function (image, x, y) {
    ......
    this. scale = 0.2 + 0.6 * Math. random();
    ......
};
......
Basket. prototype. getFish = function (fish) {
    fish. x = fish. originX = -200;
    fish. y = fish. originY = 150 + 80 * Math. random();
    var index = fishes. indexOf(fish);
    fishes. splice(index, 1);
```

```
        score += 200 * (1 - fish.scale) | 0;
    };
```

在 Fish 对象的构造函数中，为 scale 属性初始化一个随机大小的数值，其中用到了 Math 对象的 random() 方法取得随机数。random() 方法返回 0 ～ 1 之间的小数，因此缩放度大小的范围是 0.2 ～ 0.8 之间。

在添加分数的 Basket 对象方法 getFish() 中，通过获取 fish 对象的缩放属性 scale，计算出要添加的分数大小。其中后面的按位或运算符的作用是去掉小数，只保留整数部分。

由此捕获到体型较大的鱼精灵时，获取分数较少，反之，体积越小的鱼，分数越大，效果如图 12-9 所示。

图 12-9　不同体型的鱼儿

当所有的鱼儿都捕获完以后，游戏应当结束了，所以在最后再添加上一个游戏结束的提示文字。

仿照上一章中缓缓落下的欢迎文字，新定义一个 ShowText 对象，这个对象有属性 x 和 y 表示绘制位置；有属性 string 表示要绘制的文字；还有属性 beginY 表示文字落下的开始位置。

ShowText 只有一个方法 draw()，负责绘制文本，给出 ShowText 的实现如代码清单 12-16 所示。

代码清单　12-16

```
var ShowText = function (string, x, y) {
    this.string = string;
    this.beginY = y - 300;
    this.x = x;
    this.y = y;
};
ShowText.prototype.draw = function (ctx) {
    context.save();
```

```
context. font  =  "50px Arial";
context. translate( this. x,  this. beginY);
context. fillText( this. string,  0,  0);
context. restore();
if ( this. beginY  <  =  this. y) {
    this. beginY  +  =  2;
}
};
```

现在修改重绘函数中的代码,需要通过判断目前海底中剩下的鱼精灵数目,这个数值可以通过数组对象的属性 length 获取。当数目小于等于 0 时,表示所有鱼儿都被捕获了。那么这时候开始落下游戏结束的提示语,给出修改代码如代码清单 12 – 17 所示。

代码清单　12 –17

```
var text  =  new ShowText("游戏结束!", 300, 200);
setInterval( function () {
    context. clearRect(0, 0, 800, 374);
    context. drawImage( background, 0, 0);
    basket. draw( context);
    context. fillText("分数:" + score, 20, 50);
    for ( var i  =  0;  i  <  fishes. length;  i +  +) {
        fishes[ i] . draw( context);
    }
    if ( fishes. length  <  =  0) {
        text. draw( context);
    }
}, 1000 / 60);
```

效果如图 12 – 10 所示。

图 12 –10　游戏结束提示语

12.4　小结

在这一章中,主要介绍了一个完整的休闲小游戏的设计开发过程。游戏开发过程中依次添加的功能是拖动游动的鱼、缩小鱼的布局、捕获被抓住的鱼和分数显示。游戏中所出现的功能并不是一开始就全部设计出来,而是针对每个功能,修改游戏代码而添加的。更进一步,这种游戏的设计方式可以看作是游戏的原型设计,即先简单实现一个游戏的基本框架,而后逐渐添加新功能,最后构建出一个功能庞大而复杂的游戏。

12.5　习题

1. 修改本章的游戏程序,增加一个关卡,使篮子在水平方向以一定的速度做反复的运动,同时保证可以正常收获鱼儿。

2. 为本章的游戏程序增加计时板,使得游戏将在固定的时间内结束,不论水中是否还有鱼游动。

3. 根据自己的想法策划一个休闲小游戏,并使用已经学过的知识来实现。

参考文献

［1］［美］尼古拉斯·泽卡斯. JavaScript 高级程序设计(第三版)［M］. 李松峰,曹力, 译. 北京:人民邮电出版社,2012.

［2］［美］David Flanagan. JavaScript 权威指南(第六版)［M］. 淘宝前端团队,译. 北京:机械工业出版社,2012.

［3］［英］Jeremy Keith,［加］Jeffrey Sambells. JavaScript DOM 编程艺术(第2版)［M］. 杨涛,等译. 北京:人民邮电出版社,2011.

［4］［美］Faithe Wempen. HTML5 从入门到精通［M］. 方敏,张泳,林涛,郭艳春,译. 北京:清华大学出版社,2012.

［5］石川. HTML5 移动 Web 开发实战［M］. 刘旸,刘先宁,译. 北京:人民邮电出版社,2013.

［6］［美］David Geary. HTML5 Canvas. 核心技术:图形、动画与游戏开发［M］. 爱飞翔, 译. 北京:机械工业出版社,2013.

［7］［美］Billy Lamberta,Keith Peters. HTML5 + JavaScript 动画基础［M］. 徐宁,李强, 译. 北京:人民邮电出版社,2013.

［8］阮文江. JavaScript 程序设计基础教程(第2版)［M］. 北京:人民邮电出版社,2010.

［9］百度百科. HTML5［EB/OL］. 2014. http://baike. baidu. com/view/951383. htm? fr = aladdin.

［10］W3school. JavaScript 教程［EB/OL］. 2014. http://www. w3school. com. cn/ js/index. asp.

［11］W3school. HTML5 教程［EB/OL］. 2014. http://www. w3school. com. cn/HTML5/ index. asp.

［12］W3C. HTML5 标准［EB/OL］. 2014. http://www. w3. org/TR/htm15/single － page. html.

［13］HTML5Test. HTML5Test［EB/OL］. 2013. http://htm15test. com.

［14］HTML5 有效开发者社区. http://htm15gamedev. org.

［15］Cocos2dx 官方网站. www. cocos2d － x. org.